EN UN VUELO DE ESTORNINOS

GIORGIO PARISI

EN UN VUELO DE ESTORNINOS

Las maravillas de los sistemas complejos

Traducción de Francisco J. Ramos Mena

PAIDÓS CONTEXTOS

Título original: *In un volo di storni, de Giorgio Parisi*

1.ª edición, febrero de 2023

Paidós es un sello editorial de Editorial Planeta, S. A.
Avda. Diagonal, 662-664
08034 Barcelona, España
www.paidos.com
www.planetadelibros.com

Diseño de la cubierta: Planeta Arte & Diseño
Ilustración de la cubierta: © Artem Stepanov / Shutterstock

ISBN: 978-84-493-4038-3
Fotocomposición: Realización Planeta
Depósito legal: B. 162-2023
Impresión y encuadernación en Liberdúplex

Impreso en España – *Printed in Spain*

PEFC
PEFC/14-38-00305
Certificado PEFC
Este libro procede de bosques gestionados de forma sostenible y fuentes controladas
www.pefc.es

Sumario

A mi esposa, Daniella Ambrosino,
que siempre ha estado a mi lado

EN UN VUELO DE ESTORNINOS

> La de la interacción es una cuestión importante, incluso para la comprensión de los fenómenos psicológicos, sociales y económicos. En particular, nos centramos en cómo logra comunicarse cada componente de la bandada para moverse de forma coherente, produciendo una única entidad colectiva y múltiple.

Resulta fascinante observar el comportamiento colectivo de los animales, ya sean bandadas de aves, bancos de peces o manadas de mamíferos.

Al atardecer vemos a las bandadas formar imágenes fantasmagóricas, miles de danzantes motitas negras recortándose sobre un cielo de colores cambiantes. Las vemos moverse todas juntas sin chocar ni dispersarse, superando obstáculos, separándose y volviendo a agruparse, reconfigurando constantemente su disposición espacial, como si hubiera un director de orquesta dando órdenes que todas siguieran. Podríamos quedarnos mirándolas durante horas; hasta tal punto se renueva el espectáculo, creando continuamente formas diferentes e inesperadas. Pero a veces, aun en presencia de una belleza tan pura, aparece la deformación profesional del científico y surgen un montón de preguntas. ¿Hay un director de orquesta o el comportamiento colectivo se organiza por sí solo? ¿Cómo se propaga la información con tal rapidez a través de toda la bandada? ¿Cómo es posible que las configuraciones cambien tan deprisa? ¿Cómo se distribuyen las velocidades y aceleraciones de las aves? ¿Cómo pueden virar a la vez sin chocar? ¿Bastan unas sencillas reglas de interacción entre los estorninos para generar movimientos colectivos elaborados y variables como los que observamos en el cielo de Roma?

Cuando sientes curiosidad y anhelas saber la respuesta a tus preguntas, empiezas a buscar; antaño en los libros, ahora en la red. Si tienes suerte das con la respuesta; pero cuando no hay respuesta, porque nadie la conoce, si sientes «auténtica» curiosidad empiezas a preguntarte si no deberías ser tú quien la encontrara. El hecho de que nadie la haya descubierto antes no te acobarda; al fin y al cabo, ese es justamente tu trabajo: imaginar o hacer lo que nadie ha hecho antes. Sin embargo, no puedes pasarte la vida intentando abrir puertas blindadas de las que no tienes la llave. Antes de ponerte en marcha has de averiguar si tienes las competencias y las herramientas técnicas necesarias para llegar hasta el fondo de la cuestión. Nadie puede asegurarte el éxito. En este tipo de situaciones los italianos decimos metafóricamente que hay que lanzar el corazón por encima del obstáculo; pero si el obstáculo resulta ser tan alto que el corazón rebota contra él, es mejor desistir.

Comportamientos colectivos complejos

El vuelo de los estorninos me fascinaba de manera especial porque conectaba con el que constituye el hilo conductor no solo de mis investigaciones, sino también de muchísimos otros estudios de la física moderna: la necesidad de entender el comportamiento de un sistema integrado por un gran número de componentes (actores) que interactúan entre sí. En física, según los casos, los actores pueden ser electrones, átomos, espines, moléculas... Tienen reglas de comportamiento muy simples, pero en con junto dan lugar a un comportamiento colectivo mucho más complejo. Desde el siglo XIX, la física estadística ha intentado responder a preguntas como estas: ¿por qué un líquido hierve o se congela a determinadas temperaturas?, ¿por qué ciertas sustancias conducen la electricidad y transmiten bien el calor (como, por ejemplo, los metales), mientras que otras son aislantes?... La respuesta a estas preguntas se ha encontrado hace tiempo; otras, en cambio, siguen abiertas.

En todos estos problemas físicos hemos llegado a comprender de forma cuantitativa cómo surge el comportamiento colectivo a partir de unas sencillas reglas de interacción entre actores individuales. El reto consistía en hacer extensiva la aplicación de las técnicas de mecánica estadística de los entes inanimados a los animales, como, por ejemplo, los estorninos. Los resultados no solo serían de interés para la etología y la biología evolutiva, sino que a muy largo plazo podrían traducirse asimismo en una mejor comprensión de los fenómenos económicos y sociales en el ámbito de las ciencias humanas. También en este caso tenemos a un gran número de individuos que influyen unos en otros. Necesitamos entender el vínculo que existe entre el comportamiento de cada individuo y el comportamiento colectivo.

El gran físico estadounidense Philip Warren Anderson (premio Nobel en 1977) había planteado esta idea en un provocador artículo publicado en 1972 bajo el título de «More is Different» («Más es diferente»), en el que sostenía que el aumento del número de componentes de un sistema no solo determina un cambio de tipo cuantitativo, sino también cualitativo: el principal problema conceptual que habría de abordar la física era determinar las relaciones entre las reglas microscópicas y el comportamiento macroscópico.

Bandadas de estorninos

Para explicar algo, primero hay que conocerlo; y en este caso nos faltaba un dato crucial: necesitábamos comprender los movimientos de las bandadas en el espacio, pero por entonces todavía no se disponía de esa información. De hecho, la enorme cantidad de filmaciones y fotografías de bandadas disponibles (que hoy pueden encontrarse fácilmente en internet) estaban hechas todas ellas desde un mismo ángulo, con lo que se perdía cualquier información tridimensional. En cierto modo, éramos como los prisioneros del mito de la caverna de Platón, que, al ver solo las sombras bidimensionales proyectadas en la pared de la cueva, no podían llegar a captar la naturaleza tridimensional de los objetos.

Y precisamente esta dificultad era otra de las razones de mi interés. El estudio del movimiento de las bandadas era un proyecto completo: incluía el diseño del experimento, la recopilación y el análisis de datos, el desarrollo de programas informáticos para las simulaciones, y la interpretación de los resultados experimentales para sacar conclusiones.

Sabíamos que los métodos de la física estadística, mi campo de investigación desde siempre, serían indispensables para la reconstrucción tridimensional de las trayectorias de los estorninos; pero lo que de verdad me atraía era la participación en el diseño y la ejecución de la parte experimental. Por regla general, los físicos teóricos estamos alejados de los laboratorios y trabajamos con conceptos abstractos. Resolver un problema real implica mantener bajo control muchísimas variables, que en este caso iban desde la determinación de las distancias focales de los objetivos fotográficos hasta la ubicación óptima de las cámaras, pasando por la capacidad de almacenamiento de datos y las técnicas de análisis. Cada detalle concreto determina el éxito o el fracaso del experimento; cuando uno se dedica al pensamiento «teórico» no tiene idea de cuántos problemas se encuentran «sobre el terreno». Nunca me ha gustado estar demasiado lejos de los laboratorios.

Los estorninos son animales sumamente interesantes. Hace siglos, pasaban los meses cálidos en el norte de Europa y el invierno en África septentrional. Actualmente no solo han aumentado las temperaturas invernales debido al calentamiento global, sino que además nuestras ciudades se han vuelto mucho más calurosas, tanto por su mayor tamaño como por la presencia de múltiples fuentes de calor (la calefacción doméstica, el tráfico...). Hoy, en Italia, muchos estorninos ya no cruzan el Mediterráneo, y se quedan a pasar el invierno en diversas ciudades costeras, incluida Roma, donde los inviernos son más suaves que antaño.

Los estorninos llegan a principios de noviembre y se van a primeros de marzo. Son bastante puntuales en esos desplazamientos: probablemente el momento de su migración no dependa tanto de la temperatura sino más bien de razones astronómicas tales como la cantidad de horas de luz. En Roma, de noche encuentran árboles de hoja perenne donde resguardarse del viento; de día la comida escasea en la ciudad, de modo que se desplazan a comer fuera, a la campiña circundante, en pequeños grupos de alrededor de un centenar de individuos. Son animales sociales, acostumbrados a vivir en grupo: cuando se posan en un campo, la mitad de ellos comen tranquilamente mientras la otra mitad permanece en la linde vigilando la posible llegada de un depredador; cuando se trasladan al campo siguiente, los papeles se invierten. Al anochecer vuelven al calor de la ciudad, y, antes de posarse en los árboles, forman grupos extremadamente numerosos que revolotean en el cielo de la capital. A pesar de todo, siguen siendo animales sensibles al frío invernal: cuando por la noche sopla el fuerte y gélido viento del norte, al día siguiente es fácil encontrar a muchos de ellos muertos de frío bajo los árboles que no les han proporcionado suficiente refugio.

Así pues, elegir un buen dormitorio es una cuestión de vida o muerte. Es muy probable que sus coreografías aéreas vespertinas representen una señal —visible incluso desde lejos— para indicar la presencia de un lugar adecuado donde pasar la noche. Es como agitar una inmensa bandera de señalización extremadamente llamativa: yo mismo, en un claro crepúsculo invernal, he tenido ocasión de contemplar a simple vista las evoluciones de las bandadas a diez kilómetros de distancia; eran motas grisáceas que se movían casi como amebas sobre el fondo de un cielo que aún exhibía una fina franja de color blanco brillante justo por encima del horizonte. Los primeros grupitos que llegan del campo empiezan a danzar con un ritmo cada vez más frenético a medida que disminuye la luz. Poco a poco van llegando los rezagados, y, finalmente, se forman bandadas de miles de individuos que una media hora después de la puesta de sol, cuando la luz ya ha desaparecido por completo, se lanzan de repente a los árboles donde dormirán, que se los tragan casi como un sumidero.

A menudo, junto a los estorninos, hace acto de presencia el halcón peregrino, que va en busca de su cena. Si uno no se fija, pasa desapercibido: normalmente la atención se centra en los estorninos, y solo ven el halcón los pocos que lo buscan expresamente. Aunque el halcón peregrino es un ave de presa de un metro de envergadura que cuando se lanza en picado puede alcanzar velocidades de más de doscientos kilómetros por hora, los estorninos no son presa fácil. De hecho, una colisión en vuelo con un estornino podría causar una fractura en las frágiles alas del halcón, un accidente que seguramente tendría consecuencias fatales. Por eso el halcón no se atreve a penetrar en la bandada, y trata de atrapar a los ejemplares aislados en los bordes. Los estorninos, por su parte, reaccionan al ataque del halcón acercándose más unos a otros, cerrando filas y cambiando rápidamente de dirección para escapar de sus garras letales. Algunas de las evoluciones más espectaculares de los estorninos se deben precisamente a sus intentos de eludir los repetidos ataques del halcón peregrino, que tiene que realizar un gran número de ellos antes de atrapar una presa. Es probable que muchos de los comportamientos de los estorninos se deban precisamente a la necesidad de sobrevivir a esos temibles ataques.

El experimento

Pero volvamos a nuestro proyecto. La primera dificultad era obtener una imagen tridimensional de la bandada y su forma, y luego, combinando varias fotos sucesivas, reconstruir una película en 3D. En teoría era fácil, y el problema podía resolverse de forma sencilla: todos sabemos que para ver en 3D solo se necesitan dos ojos. Mirar un objeto al mismo tiempo desde dos puntos distintos —aunque estén tan cerca uno de otro como lo están nuestros ojos— permite al cerebro «calcular» la distancia a la que se halla el objeto y así construir imágenes tridimensionales. Con un solo ojo se pierde la noción de profundidad de la imagen. El lector puede experimentarlo fácilmente cerrando un ojo e intentando coger con la mano un objeto que tenga delante: la mano lo buscará más lejos o más cerca de donde realmente está; y si intenta jugar al tenis o al pimpón con un ojo vendado, la derrota está asegurada. Sin embargo, el sistema binocular solo funciona bien si podemos identificar el mismo pájaro tanto en la cámara fotográfica situada a la derecha como en la situada a la izquierda, lo que puede convertirse en una auténtica pesadilla si hay miles de aves en cada foto.

Estaba claro que habíamos encontrado la horma de nuestro zapato. En anteriores estudios publicados en la bibliografía científica se habían reconstruido unas cuantas fotos en 3D con un máximo de una veintena de animales, procediendo manualmente a su identificación: nosotros queríamos reconstruir varios miles de fotos, con varios miles de aves cada una. Obviamente, eso no se podía hacer a mano, y había que delegar la identificación en el ordenador.

Abordar un problema sin estar debidamente preparado es una invitación al desastre seguro. De modo que creamos un grupo en el que no solo había físicos (aparte de mí, mi maestro Nicola Cabibbo, y dos de mis mejores alumnos, Andrea Cavagna e Irene Giardina), sino también dos ornitólogos (Enrico Alleva y Claudio Carere). Asimismo, en colaboración con el difunto economista Marcello De Cecco y otros grupos europeos, en 2004 solicitamos financiación a la Comunidad Europea. La solicitud fue aceptada: podíamos empezar, involucrar a estudiantes de grado y de doctorado, y comprar el equipamiento.

Colocamos nuestras cámaras en el tejado del Palacio Massimo, sede del hermoso Museo Nacional Romano, un edificio que se asoma a la plaza de la Estación Termini, en aquel momento (los primeros datos se recopilaron entre diciembre de 2005 y febrero de 2006) elegido por los estorninos como uno de sus más concurridos dormitorios. Utilizamos cámaras fotográficas comerciales de gama superior porque por entonces las videocámaras todavía tenían una definición demasiado baja. Dos cámaras fotográficas situadas a una distancia de veinticinco metros nos permitían determinar la posición relativa de dos estorninos a unos cientos de metros de nosotros con una precisión espacial de unos diez centímetros: suficiente para diferenciar a dos estorninos que volaran más o menos a un metro de distancia. Añadimos asimismo una tercera cámara a pocos metros de una de las otras dos, que había de ayudarnos cuando dos pájaros se superpusieran en una de las dos cámaras principales; esta tercera cámara nos proporcionaría una ayuda fundamental en varios casos en los que la reconstrucción resultaría especialmente difícil.

Las tres cámaras tomaban fotos al unísono a razón de cinco imágenes por segundo con una precisión de un milisegundo (tuvimos que construir un sencillo dispositivo electrónico para controlarlas). Lo que hicimos, de hecho, fue situar en cada posición dos cámaras interconectadas que tomaban imágenes de forma alterna a fin de duplicar su frecuencia, de modo que en realidad hacíamos diez fotos por segundo. Al final, pues, el resultado no distaba mucho del de una videocámara, que normalmente tomaba entre veinticinco y treinta imágenes por segundo. Usábamos cámaras fotográficas, pero en realidad obteníamos pequeños vídeos.

Omito aquí todos los problemas técnicos relativos a la alineación de las cámaras (que logramos empleando sedal tensado), su enfoque y calibración, y la forma de almacenar con la suficiente rapidez la enorme cantidad de megabytes de información generada... Al final pudimos resolverlos, entre otras cosas, gracias a la tenacidad de Andrea Cavagna, en quien yo había delegado con sumo gusto la labor de dirigir las operaciones: no cabe duda de que él es mucho mejor organizador que yo, que además andaba distraído con muchas otras tareas.

Obviamente, no solo había que grabar los vídeos en 3D, una operación muy exigente desde una perspectiva técnica, sino que luego había que reconstruir las posiciones tridimensionales. En el caso de las películas en 3D que se proyectan en los cines es fácil realizar esta operación: cada ojo ve lo que ha filmado una de las cámaras, y luego nuestro cerebro, seleccionado por millones de años de evolución, es perfectamente capaz de generar una visión tridimensional localizando los objetos que ve en el espacio. Nosotros teníamos que abordar una tarea similar utilizando algoritmos en un ordenador, y esta constituía la segunda parte de nuestro reto. Tuvimos que echar mano de todo nuestro repertorio de análisis estadístico y probabilístico, junto con sofisticados algoritmos matemáticos. Durante largos meses tuvimos miedo de fracasar: a veces uno aborda un problema demasiado difícil y tiene que volver atrás con el rabo entre las piernas (es imposible saberlo de antemano). Por fortuna, tras un arduo trabajo, e inventando los instrumentos matemáticos necesarios, dimos con las estratagemas que nos permitieron resolver todas las dificultades una tras otra, y un año después de obtener las primeras fotos de calidad disponíamos de las primeras imágenes reconstruidas en tres dimensiones.

El estudio del vuelo

Aunque estudiar el comportamiento de los estorninos es, por supuesto, asunto de biólogos, el estudio cuantitativo de los movimientos tridimensionales de un conjunto de individuos requiere un análisis que entra de lleno en el campo de los físicos. Analizar de manera simultánea miles de aves en cientos de fotos para reconstruir las trayectorias de ejemplares individuales en el espacio y en el tiempo resulta ser, de hecho, una actividad característica de nuestra profesión, porque las técnicas apropiadas para realizar este tipo de análisis tienen mucho en común con las que hemos desarrollado para resolver problemas de física estadística o para analizar cantidades ingentes de datos experimentales.

Después de casi dos años de trabajo éramos los únicos en el mundo que teníamos imágenes tridimensionales de grupos de estorninos. Con solo mirarlas aprendimos muchas cosas. Cuando observamos las bandadas a simple vista desde el suelo, uno de sus rasgos más impresionantes es la enorme rapidez con la que cambian de forma, algo difícil de describir a quien no lo ha visto nunca. En el cielo pueden verse objetos en movimiento de formas variadas que de repente se hacen más pequeños, o más chatos, luego se ensanchan de nuevo, cambian, se hacen casi invisibles, y luego más oscuros. Hay una enorme variación en su forma y densidad.

Muchas simulaciones de vuelo en las que se ha intentado reproducir este comportamiento en el ordenador partían de bandadas que tenían una forma básicamente esférica. Sin embargo, las primeras fotos tridimensionales nos mostraron que la forma de la bandada se parece más bien a un disco. Esa es precisamente la razón por la que la vemos cambiar con tanta rapidez: dependiendo de la dirección desde la que se observa, un objeto con forma de disco puede resultar muy grande y redondo si se mira de frente, o claramente mucho más estrecho si se observa de lado. La enorme y rapidísima variación de forma y densidad resulta ser, pues, el efecto tridimensional del cambio de orientación de la bandada con respecto al observador (una explicación que ya había planteado Nicola Cabibbo antes de hacer el experimento, aunque, sin los datos de observación, no podíamos demostrar que su intuición era correcta).

En cambio, nos sorprendió enormemente descubrir que la densidad de los bordes de la bandada es casi un

30 % mayor que la del centro. Es decir, que los estorninos están más juntos cuando se encuentran cerca de los bordes que cuando están en el centro; ocurre un poco como en los autobuses abarrotados, donde a veces la gente está más apretujada cerca de las puertas, donde se agolpan las personas que acaban de subir, las que pretenden bajar e incluso las que quieren permanecer en el autobús. Si pensáramos ingenuamente en las aves de una bandada como partículas que se atraen entre sí, esperaríamos que la densidad fuera mayor en el centro y disminuyera en los bordes; pero sucedía justo lo contrario. Por otra parte, las bandadas también tienen bordes muy definidos: es raro que un ave aislada se aleje del grupo. Con toda probabilidad, este comportamiento tiene un origen biológico como defensa frente a los ataques de los halcones peregrinos. Un ave aislada es una presa fácil, y cuanto más apretados estén los pájaros de los bordes de la bandada, más difícil será que el halcón los atrape; así pues, las aves que están en los bordes de la bandada tienden a agruparse como defensa, mientras que las del centro no tienen necesidad de apiñarse para sentirse seguras: ya están suficientemente defendidas por sus congéneres de los bordes.

Observando las primeras fotos, descubrimos también que cada pájaro tiende a mantener una mayor distancia en relación con el compañero que tiene delante o detrás que con respecto a los que tiene al lado. Es algo parecido a lo que ocurre con los vehículos que circulan por una autopista: es completamente normal ver dos coches circulando a una distancia lateral de un par de metros, mientras que resulta del todo desaconsejable estar a solo dos metros del vehículo que nos precede.

Además, esa tendencia de las aves a distanciarse de las de delante y permanecer más cerca de las de los lados se produce tanto en los grupos más compactos (con una distancia media de unos ochenta centímetros) como en otros mucho más dispersos (con una distancia media de unos dos metros). Este fenómeno no depende, pues, de la distancia entre las aves. Por lo tanto, es razonable suponer que no obedece a una cuestión de dinámica —como ocurre en el caso de los aviones, que tienen que mantenerse muy separados para evitar crearse mutuamente turbulencias—, ya que, de ser así, el efecto sería mucho menor cuando las aves están más separadas. Obedece a la forma en que se orientan unas con respecto a otras a fin de mantener sus trayectorias sin chocar entre sí.

Algo nuevo

Este rasgo característico de las posiciones de los estorninos nos permitió llegar a una conclusión realmente inesperada: la interacción entre estorninos no depende tanto de la distancia que hay entre ellos como de la conexión entre las aves más próximas. Parece algo muy natural: si salgo a correr con unos amigos y miro a la derecha para no perder el paso, mi atención se centrará en el amigo más cercano (esté a un metro de mí o a dos), y apenas me importará lo que haga otro amigo más alejado. En el fondo, visto retrospectivamente, esto resulta bastante obvio;

sin embargo, en física y matemáticas es sorprendente la desproporción que suele haber entre el esfuerzo que requiere entender por primera vez algo nuevo y la simplicidad y naturalidad del resultado una vez se han completado los diversos pasos para llegar a él. En el producto acabado, en la ciencia como en la poesía, no hay ni rastro del esfuerzo del proceso creativo ni de las dudas y vacilaciones que lo acompañan.

En física, desde la ley de gravitación universal de Newton (ya sabe, «la fuerza de gravedad entre dos cuerpos es inversamente proporcional al cuadrado de su distancia»), son habituales las interacciones que dependen de la distancia. Y lo cierto es que a uno no se le pasa por la cabeza que la distancia pueda tener un papel marginal en la determinación de una fuerza de interacción hasta que los datos experimentales se lo echan en cara.

¿Cómo fue eso en nuestro caso? En primer lugar, expresamos cuantitativamente las observaciones previas sobre la tendencia de las aves a mantener una mayor «distancia de seguridad» con sus compañeras de delante que con las de los lados: de ese modo definimos una magnitud a la que denominamos anisotropía (en física, una magnitud es anisótropa si presenta valores distintos en diferentes direcciones espaciales). Si en una secuencia de fotos de una determinada bandada medíamos la anisotropía de las parejas de aves vecinas, obteníamos un valor elevado, mientras que en las aves más alejadas el valor era prácticamente cero. Hasta aquí nos sentimos satisfechos: esperábamos que las aves distantes no tuvieran información sobre su posición mutua, y era lógico que no hubiera diferencia entre las distancias laterales y frontales.

Los problemas serios surgieron cuando comparamos la anisotropía entre aves situadas a la misma distancia unas de otras medida en diferentes secuencias fotográficas. Nada encajaba: a veces la anisotropía de individuos situados a una distancia de dos metros era muy alta, mientras que en otras secuencias de fotos la anisotropía a la misma distancia era absolutamente insignificante; los datos no parecían tener sentido. Al final comprendimos que comparar el comportamiento de dos aves situadas a la misma distancia en bandadas distintas no funcionaba, debido al hecho de que la distancia entre las aves más próximas puede variar mucho de una bandada a otra.

Cambiamos de perspectiva: lo que hicimos fue definir para cada individuo su «primer vecino», es decir, su compañero más cercano; luego su segundo vecino, su tercero, y así sucesivamente. Y encontramos que la anisotropía era alta entre los primeros vecinos, disminuía entre los segundos, y seguía reduciéndose hasta resultar prácticamente inexistente entre los séptimos vecinos. A primera vista parecería que del análisis precedente no cabe extraer más información: la anisotropía disminuye con la distancia. Sin embargo, las cosas cambiaban al comparar las bandadas entre sí: la anisotropía era la misma para las parejas de primeros vecinos de diferentes bandadas, aunque la distancia media de dichas parejas era más del doble en una bandada que en otra. En ese punto no se requería un gran esfuerzo intelectual: los datos nos obligaban a suponer que la interacción entre las aves no dependía de la distancia absoluta de las parejas, sino de las proporciones relativas de las distancias.

Ese fue el resultado de nuestro primer trabajo en 2008. Desde entonces ha llovido mucho. La composición del grupo de investigación cambió, yo empecé a dedicarme por completo a los vidrios, llegaron nuevos fondos y se compraron nuevos equipos, mucho más avanzados: habían aparecido en el mercado cámaras fotográficas capaces de disparar hasta 160 fotogramas por segundo con una resolución de cuatro megapíxeles.

Se ha llevado a cabo un gran trabajo, se han formulado nuevas ideas y desarrollado nuevos algoritmos: ahora se puede determinar con una precisión de unas centésimas de segundo en qué momento empieza a girar cada pájaro cuando hace un viraje la bandada. Casi siempre inicia el movimiento un pequeño grupo situado en un lado, y en un tiempo muy breve —unas décimas de segundo en las bandadas pequeñas, y un segundo largo en las grandes— todas las aves lo siguen. Tras un largo análisis de los datos y delicadas consideraciones teóricas, se comprobó que es posible llegar a comprender con gran detalle el comportamiento cuantitativo de la bandada, incluso durante un viraje: las aves siguen un conjunto de reglas sencillas, que se han podido reconstruir a partir de las mediciones realizadas, y se mueven ajustándose a la posición de sus vecinas. La información sobre el viraje se transmite con rapidez de un pájaro a otro, como una especie de velocísimo boca a boca.

Nuestra investigación ha cambiado por completo el paradigma utilizado hasta ahora en los estudios sobre bandadas, manadas y rebaños. De hecho, anteriormente se daba por sentado que la interacción dependía de la distancia. A partir de nuestro trabajo, en cambio, ha quedado claro que hay que considerar el hecho de que la interacción se produce siempre con los individuos más cercanos. Pero quizá el resultado más interesante fuera la demostración de que era posible rastrear simultáneamente la posición de miles de aves y extraer de ello información útil para entender el comportamiento animal.

Lo que posibilitó nuestros resultados fue el hecho de que utilizáramos técnicas cuantitativas para estudiar estadísticamente el comportamiento de un grupo muy numeroso de animales. De ese modo establecimos nuevos estándares de investigación al emplear en biología técnicas nacidas y desarrolladas en la física estadística para resolver problemas desordenados y complejos. No todos los biólogos apreciaron esa invasión de su disciplina: algunos se mostraron muy interesados en el resultado, mientras que otros encontraron nuestra investigación demasiado pobre en biología y demasiado rica en matemáticas. El trabajo fue rechazado asimismo por varias revistas, que probablemente luego se habrán tirado de los pelos, ya que tras el gran éxito de nuestro primer artículo, citado ya en casi dos mil publicaciones científicas, le han seguido muchos otros.

Hoy la biología atraviesa un periodo de gran transformación: el conocimiento de una cantidad de datos que aumenta de manera desmesurada provoca que el uso de métodos cuantitativos resulte no solo posible, sino necesario. Dichos métodos pueden utilizarse de forma adecuada o inadecuada, dependiendo en gran medida del contexto. Especialmente en etología, en el estudio del comportamiento animal, un exceso de matemáticas suscita fácilmente una reacción negativa. De hecho, los etólogos buscan el porqué de determinados comportamientos, mientras que cabría pensar que los métodos cuantitativos son puramente descriptivos y no abordan el núcleo de la investigación etológica.

Hay que decir, no obstante, que el espíritu de muchas disciplinas científicas ha ido cambiando con los años; pero este hecho se ha producido mediante acalorados debates acerca de qué metodologías son científicas y relevantes, y cuáles deben rechazarse, en cambio, por ser incapaces de responder a las auténticas demandas de la disciplina. En ese sentido me vienen a la mente las cínicas palabras del gran Max Planck, padre de la mecánica cuántica: «Una nueva verdad científica no triunfa porque sus oponentes se convenzan y vean la luz, sino más bien porque acaban muriendo, y en su lugar se forma una nueva generación a la que los nuevos conceptos le resultan familiares». Yo soy más optimista que Planck: creo que con una gran dosis de buena voluntad y paciencia se puede —al menos en la mayoría de los casos— llegar a consensuar conclusiones compartidas, o al menos a clarificar los puntos de desacuerdo.

LA FÍSICA EN ROMA HACE MEDIO SIGLO

> La impresión que me había formado —de manera absolutamente injustificada— era que la física resultaba más difícil que las matemáticas, y por eso me parecía que hacer física me pondría más a prueba, sería un reto mayor.

Es importante preservar la memoria del pasado, incluso —y especialmente— en el ámbito de la ciencia. Por eso me gustaría recordar aquí mis primeros años de universidad y cómo era la física por entonces. No soy historiador: me limitaré a mis recuerdos, que son los de un físico teórico interesado en la física de las partículas elementales.

Me matriculé en la universidad en noviembre de 1966. Por entonces los estudiantes de los dos primeros cursos no podían pasearse libremente por el departamento de Física. Asistíamos a clases de Física General y de Física Experimental, pero en estos casos teníamos que utilizar la puerta de atrás porque no se consideraba digno que hubiera estudiantes entrando y saliendo en tropel por la puerta principal, estrechamente vigilada por Agostino, el memorable portero del departamento, que con su formidable memoria se acordaba de todos y de todo. Agostino bloqueaba el paso a los alumnos de los dos primeros cursos preguntándoles qué tenían que hacer. Como resultaba que la mayoría de ellos no tenían que hacer nada (salvo en ocasiones especiales), los echaba de allí señalándoles la entrada trasera.

Los alumnos matriculados en las asignaturas de primer curso éramos unos cuatrocientos, y no había micrófonos, de manera que los profesores tenían que gritar para que se les oyera. Las clases de Física General, la asignatura más importante y formativa con diferencia, las impartían Edoardo Amaldi y Giorgio Salvini en años alternos. A mí me tocó Salvini, un auténtico *showman*, al contrario que Amaldi, que se mostraba más comedido. En cierta ocasión, Salvini se presentó con una silla giratoria, se sentó y empezó a hacerla girar a toda velocidad con las piernas levantadas y dos pesadas mancuernas de hierro en la mano, mostrándonos cómo la silla rotaba más deprisa cuando él cerraba los brazos y se ralentizaba cuando los abría. Los bailarines conocen bien este fenómeno: para hacer una pirueta hay que empezar con los brazos abiertos, y luego se cierran durante la rotación. La clase terminó con el enunciado de la ley de conservación del momento angular, que explicaba el fenómeno observado.

La puerta principal la usábamos sobre todo para ir al laboratorio de «fisiquita», a la que llamábamos así para diferenciarla de la Física General, o «fisicota». Las prácticas se hacían en un laberinto de salas subterráneas (las recuerdo húmedas y con suelo de hormigón), y en cada sala se hacía un experimento distinto: presión atmosférica; caída de un cuerpo grave por un plano inclinado con poco rozamiento; medición de la energía necesaria para derretir el hielo... Formábamos grupos de treinta: diez mesas por sala y tres personas por mesa, una triple asociación que duraba todo el curso académico. En esta situación era difícil conocer a los alumnos mayores, ya que no teníamos contacto con los que no eran de nuestro curso.

El 68

El 68 lo cambió todo. No solo la universidad, sino toda la política, en Italia, Europa y el mundo entero: provocó una enorme radicalización política de toda la sociedad, con repercusiones en las costumbres. Las personas que, como yo, provenían de ambientes de tendencia de derecha moderada, donde la gente votaba a los liberales o a la democracia cristiana, se vieron abocadas a una situación de confrontación social y derivaron hacia ideas marxistas. Se han vertido ríos de tinta sobre la historia del 68, sus causas y sus efectos, por lo que no tiene sentido abordar aquí esas cuestiones. Pero sí me gustaría explicar las repercusiones que tuvo aquel año en nuestro departamento de Física. Para mí, todo empezó en el aula magna, con una concurridísima asamblea (el número de asistentes prácticamente duplicaba los trescientos asientos de los que disponía la sala). La asamblea duró toda la tarde y se prolongó hasta las nueve de la noche, momento en que se votó si se ocupaba o no. Se aprobó la ocupación por una amplia mayoría (creo recordar que de dos a uno): dado que lo decidimos los estudiantes, la responsabilidad de lo que ocurría en el departamento de Física recaía sobre nuestros hombros, incluso sobre los de quienes estaban en contra y con su «no» habían aceptado en cualquier caso la legitimidad de la votación.

Cuando el diputado Caradonna, miembro del ultraderechista Movimiento Social Italiano, irrumpió en la universidad acompañado de un grupo de neofascistas armados con largos y sólidos bastones envueltos en banderas italianas, el director del departamento, Giorgio Careri, completamente superado por los acontecimientos, se mostró muy preocupado por la posibilidad de que incendiaran la biblioteca de la segunda planta de Física, entre otras cosas porque los extintores se habían trasladado a Humanidades a fin de utilizar los chorros para defenderse de los atacantes. Careri se acercó a los estudiantes que se encargaban de mantener el orden en la puerta del departamento y les expresó su preocupación, concluyendo finalmente: «Si tiene que ocurrir lo inevitable, que sea en la primera planta».

Al terminar la época de las ocupaciones habían caído todas las barreras entre los alumnos de los distintos cursos, así como entre los estudiantes, los auxiliares y los profesores jóvenes. Ello propició, a su vez, una intensa relación social entre los diversos componentes del mundo académico; entonces descubrí que entre los profesores se encontraba Paolo Camiz, que actuaba en el club Folkstudio con un sabroso repertorio de *chansonnier* francés, hoy fácilmente recuperable en YouTube.

Había dos salas donde consultar los libros. En una, rodeada de las venerables colecciones de revistas que revestían las paredes, se guardaba un respetuoso silencio; la otra era mucho más ruidosa: se hablaba, se reía, e incluso se jugaba al bridge al final de la tarde (la brisca o la escoba no se consideraban juegos lo bastante serios para los físicos). El departamento estaba mucho más animado que ahora. Por las noches, a partir de las nueve, se abría una puerta trasera y entraban los estudiantes que trabajaban y no podían asistir a otras horas.

Desde mi punto de vista, era un mundo infinitamente más joven que el actual departamento de Física. Desde luego, yo lo era —hablamos de hace más de cincuenta años—, y lógicamente frecuentaba a gente más joven que ahora, pero creo que también el departamento de Física era objetivamente más joven. Por entonces Edoardo Amaldi, el gran líder de la física italiana, al que a veces llamábamos afectuosamente «Papi», tenía sesenta años. Por debajo de Amaldi, las principales cátedras las ocupaban Giorgio Salvini, Marcello Conversi, Giorgio Careri y Marcello Cini, todos ellos menores de cincuenta y bastante más jóvenes que los actuales profesores.

Nicola Cabibbo había llegado a La Sapienza en 1966. Catedrático a los treinta y un años, adquirió un enorme prestigio gracias a su teoría de las interacciones débiles basada en el que pasaría a llamarse «ángulo de Cabibbo», un descubrimiento por el que fácilmente podría haber gana el Nobel. Era la punta de lanza de toda la física teórica italiana. En 1968 tenía treinta y tres años, la misma edad de Francesco Calogero, quien en 1995 recibiría el Premio Nobel de la Paz como secretario general del grupo Pugwash, una organización no gubernamental creada con el objetivo de garantizar un desarrollo científico compatible con una situación mundial pacífica.

Muchos de los auxiliares de Física Teórica eran aún más jóvenes y andaban como mucho por la treintena. Desde luego, había profesores mayores, como Enrico Persico, que lamentablemente falleció en 1969 a los sesenta y ocho años. Pero no tuve mucho contacto con ellos, dado que la mayor parte de la enseñanza la impartían profesores que rondaban los cuarenta y cinco, algo que dista mucho de la situación actual.

Aquella no era solo la impresión de un joven estudiante: había una explicación histórica. En la década de 1950 la universidad italiana había experimentado un auge que con el tiempo la llevaría a convertirse en la universidad de masas que es hoy. La física en particular había vivido un intenso desarrollo y había recibido una importante financiación, gracias en parte a Amaldi, que fue el primer secretario general del CERN (la Organización Europea para la Investigación Nuclear). La actividad de investigación se había internacionalizado por completo, y el prestigio que uno tenía en Italia era el que cosechaba en el extranjero. Las viejas jerarquías que dominaban la escena en otros departamentos o facultades (los tristemente célebres «barones») habían perdido su poder en el de Física, y los científicos más capaces podían ascender con rapidez a la cúspide del poder académico (yo mismo gané la oposición a una cátedra a los treinta y dos años). Era fácil conseguir un puesto de profesor numerario unos años después de graduarse. En 1970, cuando empecé a trabajar en los Laboratorios Nacionales de Frascati con veintidós años, dos amigos míos, Aurelio Grillo y Sergio Ferrara, tenían solo veinticinco y ya eran asistentes numerarios. Ahora, a esa edad, si las cosas te van bien, estás a mitad de camino de completar tu doctorado.

La comunicación científica

Estamos tan habituados a la facilidad con la que hoy podemos intercambiar textos a través de la red o hacer llamadas telefónicas prácticamente sin coste que resulta difícil imaginar cómo eran las comunicaciones científicas por entonces.

Las llamadas telefónicas internacionales tenían tarifas increíbles. Una llamada a Estados Unidos costaba 1.200 liras por minuto; para que el lector se haga una idea de lo que eso representa, diré que mi primer sueldo como investigador era de 125.000 liras al mes; es decir, que una llamada de poco más de hora y media habría consumido íntegramente mi salario mensual. El fax era prácticamente inexistente: en Física había un teletipo (en realidad un terminal telegráfico) muy pesado e incómodo que apenas se utilizaba.

Solo se usaba el teléfono en casos excepcionales. Una de las anécdotas más divertidas en ese aspecto está relacionada con el descubrimiento en noviembre de 1974 de la partícula *psi*, una partícula integrada por dos quarks encantados. El descubrimiento influyó enormemente en la física de las partículas elementales, hasta el punto de llegar a calificarlo como «la Revolución de Noviembre». La partícula se descubrió en Estados Unidos casi de manera simultánea en dos laboratorios distintos, y pronto corrió la noticia por todo el mundo. Los laboratorios de Frascati comprendieron que también ellos podían observarla. Se apresuraron a modificar los parámetros de los experimentos en curso, y al cabo de solo una semana también nosotros observamos la *psi*, para exultación generalizada de los físicos presentes.

Era un resultado de enorme importancia, y aunque se había obtenido después de los estadounidenses, y basándose en la información derivada de sus experimentos, demostraba la gran capacidad de Italia en ese terreno. Resultaba crucial, pues, escribir un artículo para la revista de física más importante del momento (*Physical Review Letters*) y publicarlo en el mismo número en el que iban a aparecer los artículos estadounidenses. No había tiempo que perder, ya que la revista estaba a punto de cerrar su edición; de modo que, inmediatamente después del descubrimiento, se escribió a toda prisa el artículo durante el fin de semana, y, para ganar un tiempo extra, se dictó por teléfono, un procedimiento del todo inusual. Hasta los gráficos se transmitieron de viva voz, dictando las coordenadas de los puntos, tras lo cual unos amigos los redibujaron al otro lado del Atlántico. También se dictaron los nombres de los autores (un centenar), deletreándolos por teléfono con resultados a veces cómicos. Fue el propio Giorgio Salvini quien se encargó del dictado, y dado que para deletrear la «S» decía siempre «ese de Salvini», acabó despareciendo de la lista de autores porque su nombre mutó en una «S»: en lugar de «G. Salvini, M. Spinetti», se imprimió «G. S. M. Spinetti». Hizo falta una meticulosa fe de erratas.

En cualquier colaboración científica era habitual intercambiar largas cartas, a menudo repletas de fórmulas. En Italia, este medio de comunicación resultaba especialmente incómodo, dado que nuestro servicio postal funcionaba muy mal, hasta el punto de que las cartas enviadas por vía aérea tardaban quince días en llegar a su destino. La colaboración a distancia era una tarea casi imposible: había que estar físicamente en un mismo sitio.

En la primavera de 1970, Nicola Cabibbo nos convocó a mí y a Massimo Testa, que era un poco mayor que yo, para leernos una carta manuscrita que le había enviado Luciano Maiani, quien había dejado Roma para trabajar en Harvard durante un año. Maiani nos informaba de los resultados que había obtenido junto con Sheldon Glashow y John Iliopoulos. La carta se quedaría grabada en mi mente no solo por la enorme importancia del resultado científico, sino también por su última frase: «Hemos tirado la fruta fresca con la podrida». En efecto, la carta nos informaba de que el programa de investigación que Nicola Cabibbo y Luciano Maiani habían iniciado unos años antes para intentar calcular el ángulo de Cabibbo había llegado a su fin: resultaba que el ángulo era incalculable. Pero, en contrapartida, la carta contenía el fundamento de lo que, por las iniciales de los tres autores (Glashow-Iliopoulos-Maiani), pasaría a conocerse como «mecanismo GIM». Al explicar cómo ciertas interacciones entre partículas estaban permitidas o no, el mecanismo GIM predecía que habían de existir necesariamente las corrientes débiles neutras y los quarks encantados; dos predicciones que luego se confirmarían experimentalmente, la primera en 1973 y la segunda —como hemos visto— en 1974.

La tecnología

La mayoría de las operaciones aritméticas más sencillas se hacían a mano, como mucho con ayuda de la regla de cálculo, que era muy habitual llevar en el bolsillo. Hoy la regla de cálculo es una pieza de museo: aunque nos permitía hacer rápidamente multiplicaciones de dos o tres dígitos, se vio desplazada por la calculadora portátil. Aún recuerdo mi asombro cuando en 1973 vi por primera vez una calculadora: hacía falta mi sueldo de un mes para comprarla.

Los ordenadores —o, mejor dicho, las computadoras, como se llamaban entonces— eran muy distintos de los actuales, aunque tenían un rasgo en común con ellos. Cierto día en que un querido amigo unos años mayor que yo, Ettore Salusti, me encontró en un pasillo con un paquete de tarjetas perforadas en la mano, me advirtió sabiamente: «Cuidado con lo que haces: las computadoras son malignas». La malignidad de los ordenadores es una característica que, pese a los esfuerzos de generaciones de informáticos, nunca ha llegado a desaparecer del todo, como por desgracia tenemos que constatar a menudo cuando se cuelgan justo la única vez que no hemos guardado el archivo en el que estamos trabajando.

La computadora principal era una potente máquina UNIVAC, accesible solo a los técnicos, que se encontraba en el sótano de un edificio situado a unos cientos de metros del departamento de Física. Su memoria, sin contar los discos, era de alrededor de una décima de megabyte, es decir, más o menos una millonésima parte de la de mi teléfono móvil. En la segunda planta había máquinas provistas de teclados —como gigantescas máquinas de escribir— que perforaban las tarjetas con las instrucciones de los programas. Cada tarjeta contenía una línea con un máximo de ochenta caracteres. En el centro de la sala destacaba el terminal: una máquina en la que se insertaban los paquetes de tarjetas trabajosamente perforadas con los teclados; el terminal leía las tarjetas a gran velocidad, a razón de unas decenas por segundo. Después de un tiempo variable, que podía ir de un minuto a varias horas, una impresora igualmente rápida informaba de los resultados en grandes hojas. Con frecuencia se oía a alguien exclamar: «¡Mierda, se me ha olvidado un punto y coma! ¡Rehago la tarjeta y volvemos a empezar!». Había cola para insertar las tarjetas en el lector: algunos venían con pequeños paquetitos de poco más de cien tarjetas; otros se presentaban con miles de tarjetas, que llevaban en recipientes especiales, una especie de cajones alargados. En cierta ocasión un colega tropezó y se le cayeron todas las tarjetas, que llenaban un cajón de un metro de largo. «El análisis de datos ha terminado», suspiró. Se trataba de las tarjetas del programa: había hecho las dos terceras partes del trabajo, pero reordenar el millar de tarjetas que habían caído habría sido un rompecabezas interminable. Decidió conformarse con los datos parciales, dio por concluida la investigación y pasó a estudiar otros problemas.

La posibilidad de registrar datos digitalmente mediante un ordenador resultaba inconcebible: no había máquinas capaces de hacer tal cosa, ni interfaces entre el instrumento de medición y el ordenador. Nos las apañábamos copiando a mano los datos que registraba el instrumento. En un caso concreto en el que tuvimos que analizar señales muy rápidas, utilizamos uno de los últimos avances tecnológicos: una cinta de papel térmico que avanzaba a un metro por segundo mientras una especie de bolígrafo caliente transcribía la señal, exactamente como un electrocardiograma, pero mucho más deprisa.

En física de partículas era habitual utilizar cámaras de chispas de varios metros de largo. El paso de una partícula por la cámara provoca una serie de chispas que permiten reconstruir su trayectoria. Se fotografiaban las chispas, y luego había que apuntar sus coordenadas. Esta operación (conocida como escaneado) se realizaba proyectando las fotos en grandes mesas, donde una serie de personas, todas ellas mujeres, movían unos brazos parecidos a pantógrafos: cuando el brazo se hallaba en el punto exacto, pulsaban un botón para imprimir una tarjeta perforada. A aquellas mujeres, que trabajaban en una gran sala situada en la tercera planta, se las apodaba «las escaneadoras».* Su tediosa tarea resultaba crucial en todos los experimentos de física de partículas.

La física teórica de las partículas elementales

En mi ambiente de joven estudiante, la física teórica de las partículas elementales se consideraba el *non plus ultra*. Muchos amigos extraordinariamente capaces, un año mayores que yo, no pudieron hacer su tesis con Nicola Cabibbo porque estaba tremendamente solicitado entre los estudiantes de grado, y tuvieron que optar por hacerla en otro campo con otros profesores, y, aunque estos seguían estando entre los mejores de Italia, para ellos representaba una especie de retroceso, una especie de fracaso.

¿Por qué la física teórica de las partículas elementales gozaba de tanto prestigio? En Roma seguía muy vivo el legado de Fermi, y también había vínculos muy fuertes con el CERN de Ginebra, el principal centro de física de partículas de Europa, y quizá de todo el mundo. Pero estos dos hechos por sí solos no bastan para explicarlo. La física teórica de partículas estaba rodeada de un aura de misterio. Hoy todos sabemos que existen los quarks, que, unidos por gluones que actúan como pegamento, son los elementos constituyentes del protón y del neu-

* En italiano, *scannatrici*, un término que, además de «escaneadoras», significa literalmente «degolladoras». (N. del T.)

trón; y existe una teoría —la cromodinámica cuántica (o QCD)— que permite calcular sus propiedades.

Por entonces no se sabía casi nada. Desde la década de 1930 se conocía la existencia del protón y el neutrón, y, gradualmente, en las décadas de 1950 y 1960, se fue descubriendo que existían muchísimas otras partículas, difíciles de observar porque tenían una vida media muy corta: había una interminable familia de partículas, hoy denominadas bariones, de las que el protón y el neutrón eran las únicas que no se desintegraban con rapidez porque eran las más ligeras; no parecía que el protón ni el neutrón tuvieran ninguna otra propiedad especial.

El hecho de que existiera toda una familia numerosa de partículas similares, y que se observaran ciertos tipos de desintegración y no otros, hacía pensar que estas estaban formadas por componentes que se combinaban de formas diversas para generar diferentes objetos. La casi infinita variedad de las sustancias químicas era producto de la combinación de un centenar de átomos distintos; los átomos estaban formados por núcleos y electrones; los núcleos, por protones y neutrones, pero ¿de qué estaban hechos los protones y los neutrones?

No era fácil responder esa pregunta, y no había pistas evidentes que permitieran comprenderlo. En 1962, el estadounidense Geoffrey Chew formuló una propuesta revolucionaria: la denominada teoría del *bootstrap*. Hoy este término se utiliza en la jerga informática para referirse al proceso de arranque de los ordenadores, pero en aquella época apenas la usaban un puñado de técnicos superespecializados. *Bootstrap* significa literalmente «cordón de la bota», y existe un conocido aforismo que reza: «No puedes levantarte del suelo tirando de los cordones de tus botas» (si el lector no lo ha intentado nunca, no le resultará difícil comprobar que es imposible). Según la teoría del *bootstrap* (o modelo *bootstrap*), cada partícula estaba integrada de algún modo por todas las demás, de manera que entre las partículas elementales existía una especie de «democracia»: ninguna de ellas era más fundamental que las demás. Con ello, la milenaria búsqueda de los elementos constitutivos de la materia (una de cuyas primeras propuestas había sido la de «agua, aire, fuego y tierra») llegaba a su fin; no había elementos constitutivos, sino tan solo relaciones entre las distintas partículas. La idea tuvo un éxito enorme. Fritjof Capra la vinculó a las filosofías orientales en su obra *El tao de la física*, publicada en 1975, cuando la «filosofía del *bootstrap*» ya estaba moribunda. A mí me parecía más bien un eco del idealismo hegeliano.

Había muchísimas escuelas de pensamiento que intentaban poner orden en la enorme cantidad de datos existentes recurriendo a principios de distinta naturaleza, como, por ejemplo, tal o cual tipo de simetría, la imposibilidad de transmitir información a una velocidad superior a la de la luz, etc. Eran escuelas que apenas se comunicaban entre sí y que tenían objetivos limitados. El modelo *bootstrap* era una propuesta más radical, y aspiraba a conseguir una teoría completa.

El lector avezado podría preguntarse: pero ¿por qué no recurrir a una teoría basada en los quarks? Murray Gell-Mann y George Zweig postularon la existencia de los quarks en 1964, y pocos meses después Oscar Greenberg añadió el «color» (cada tipo de quark existe en tres colores distintos). Los quarks se postularon inicialmente como una simplificación matemática, y el hecho de que nadie pudiera observarlos, pese a llevarse a cabo investigaciones experimentales extremadamente meticulosas, hacía que su existencia resultara poco creíble. Imperaba la llamada «filosofía del faisán y la ternera», por utilizar la metáfora que, tras un debate con Valentine Telegdi, incluyó el propio Gell-Mann en un célebre artículo publicado en 1964. Gell-Mann había recurrido al modelo de los quarks para derivar una serie de ecuaciones, pero para él dichas ecuaciones eran mucho más importantes que el modelo del que había partido, que constituía simplemente una forma de obtenerlas; una vez logrado, podía prescindir del modelo de los quarks y quedarse solo con las ecuaciones finales. Este proceso era similar a un método utilizado en la cocina francesa en el que se cocinaba un trozo de faisán entre dos lonchas de ternera: luego se tiraba la ternera y se servía el faisán. Incluso quienes se tomaban en serio el modelo de los quarks solo podían utilizarlo de forma muy limitada.

Poco a poco, hacia finales de la década de 1960, las cosas empezaron a cambiar: se obtuvieron nuevos datos experimentales, se perfeccionaron teorías y, finalmente, se comprendió que los quarks y los gluones coloreados eran potencialmente capaces de explicar los datos experimentales. Esta perspectiva obtuvo un éxito definitivo con la Revolución de Noviembre de 1974, cuando el descubrimiento de la partícula *psi* y sus extrañas propiedades inclinó la balanza definitivamente en favor de la teoría que hoy conocemos.

Pero ¿qué fue del *bootstrap*?

En el Instituto Weizmann, un centro de investigación israelí que se cuenta entre los más importantes del mundo, había un sólido grupo de físicos liderados por un genial argentino, Héctor Rubinstein. Bajo su dirección, Miguel Virasoro, Gabriele Veneziano, Marco Ademollo y Adam Schwimmer iniciaron una larga serie de estudios en física de partículas de los que surgiría la teoría de cuerdas. De hecho, aunque el paso fundamental hacia dicha teoría lo daría Veneziano con el primer modelo de cuerdas abiertas en 1968, estos estudios preliminares fueron muy importantes para formar el marco conceptual que permitiría concebir el modelo de Veneziano. Estimulado por el trabajo de este último, Virasoro amplió la teoría unos meses después introduciendo el modelo de cuerdas cerradas. Estos impresionantes resultados generaron una auténtica oleada de interés, y poco a poco se descubrió que tales fórmulas podían derivarse postulando que la materia está constituida por una cuerda o filamento (de tipo elástico), y que las distintas partículas corresponden a sus oscilaciones. Por desgracia, las propiedades de las cuerdas no permitían describir directamente las partículas observadas.

En 1974, Joël Scherk y John Schwarz se dieron cuenta de que la teoría de cuerdas podía utilizarse como punto de partida para describir la fuerza de gravedad en un marco cuántico, aunque quedaban por resolver muchos detalles, que todavía hoy se nos escapan. Resulta paradójico que la filosofía del *bootstrap*, que pretendía eliminar los constituyentes elementales de la materia, haya contribuido a dar a luz una nueva teoría según la cual todo lo que existe en el universo (la materia, la luz y las ondas gravitatorias) está compuesto de cuerdas.

Con las ideas suele ocurrir como con un bumerán: parten en dirección a un lugar, pero terminan en otro. Cuando se obtienen resultados interesantes e inusuales, pueden surgir aplicaciones en ámbitos totalmente inesperados.

Situándonos ya en nuestros días, hoy conocemos bien las propiedades del protón y de las otras partículas, pero en lo que respecta a la gravedad cuántica nos encontramos en una situación que recuerda a la de hace cincuenta años. Hay varias escuelas de pensamiento: cuerdas, gravedad de bucles, etc. Pero ¿constituye alguna de ellas la respuesta correcta, o debemos esperar a que surja una nueva idea teórica o un experimento que dé resultados inesperados? ¿Qué forma tendrá la teoría final? Es difícil decirlo: por mucho que intentemos predecir el futuro, este siempre nos va a sorprender.

TRANSICIONES DE FASE, ES DECIR, FENÓMENOS COLECTIVOS

El agua que hierve y el agua que se congela son acontecimientos de lo más extraño. Vemos cómo una sustancia de repente cambia de forma solo porque ha cambiado un poco la temperatura. Se trata de una mutación colectiva: no son el átomo individual ni la molécula individual de agua los que hierven o se congelan.

Las transiciones de fase son fenómenos de la «física cotidiana» que estamos habituados a presenciar sin siquiera prestarles atención. Pero para un físico son fenómenos cuyo estudio resulta muy interesante. Ese fue el motivo por el que a principios de la década de 1970 dediqué cierta atención a estudiar algunos tipos de transiciones de fase que hasta 1971 y 1972 seguían planteando cuestiones no resueltas.

Todos sabemos que a una temperatura de 100 °C el agua empieza a hervir, es decir, pasa de la fase líquida a la gaseosa, del mismo modo que a 0 °C pasa de la fase líquida a la sólida, el hielo.

Para los físicos, la observación de estos fenómenos «normales» suscita innumerables preguntas: ¿por qué se producen esas transformaciones? ¿Por qué precisamente a esas temperaturas? ¿Se dan de forma similar en todos los materiales?... Y otras muchas preguntas cuyas respuestas resultan muy difíciles de encontrar.

En la primera década del siglo XX los físicos empezaron a obtener pruebas experimentales de la existencia de los átomos y moléculas como «bloques de construcción» constitutivos de la materia, y por ello trataron de interpretar los fenómenos macroscópicos, como justamente la congelación del agua, como fenómenos derivados del comportamiento colectivo de aquellas diminutas unidades de materia.

Desde una perspectiva microscópica, sin embargo, las transiciones de fase resultan mucho más difíciles de describir y representan un problema que siempre resurge de una forma u otra. Empezamos resolviendo los casos más sencillos, y luego, poco a poco, hemos ido perfeccionando las herramientas y aumentando el número de casos resueltos.

Para estudiar las transiciones de fase a nivel microscópico, debemos entender el comportamiento de numerosos «objetos», es decir, átomos o moléculas o diminutos imanes; se trata de un conjunto de «cosas elementales» que —empleando un contexto más amplio que el de la física tradicional— podemos denominar «agentes» que interactúan entre sí, intercambiando información y modificando su comportamiento en función de la información que reciben.

En física, «intercambiar información» equivale a «verse sometido a fuerzas», pero en términos generales —dado que el modelo puede aplicarse a muchos ámbitos de estudio, desde la física hasta la biología, pasando por la economía, etc.— digamos simplemente que tenemos numerosos objetos cuyo comportamiento depende del comportamiento de otros objetos que están más o menos cerca; normalmente bastante cerca, ya que los objetos que están demasiado lejos no pueden intercambiar información.

Las magnitudes físicas que podemos medir a nivel macroscópico, como la temperatura del agua, dependen del comportamiento de los agentes microscópicos —por ejemplo, de la velocidad de las moléculas—, que no podemos observar.

Imaginemos que observamos el agua a través de un microscopio muy sensible. Veríamos una serie de moléculas con la forma de un manillar ligeramente doblado que se desplazan, se atraen, dan vueltas, se separan y vibran con rapidez. Esa es la descripción del agua a nivel molecular. En cambio, si observamos el agua a simple vista, vemos un líquido que a cierta temperatura se congela y se solidifica, y a cierta temperatura se evapora, convirtiéndose en gas. Entender cómo el comportamiento de los átomos individuales da lugar al comportamiento global del sistema es un problema que ha llevado algún tiempo explicar.

Transiciones de fase de primer orden

A quienes estudian las transiciones de fase no les interesa tanto saber a qué temperatura y presión se produce un determinado cambio de estado como descubrir el mecanismo por el que se produce. ¿Por qué, por ejemplo, este fenómeno acontece de golpe y en un «punto» tan concreto? ¿Qué cambia en el sistema a 100 °C? ¿Por qué, si observamos el sistema a una temperatura solo un grado por debajo de la temperatura crítica, no notamos nada? ¿Por qué, pues, basta solo un grado más para desencadenar un cambio repentino en el comportamiento macroscópico?

Conceptualmente, resolver este problema no es un asunto nada trivial, hasta el punto de que en la década de 1930 muchos físicos se preguntaban si las reglas normales de la física, y la mecánica estadística en particular, bastarían para explicar las transiciones de fase.

La solución se encontró en los decenios de 1940 y 1950, basándose en parte en una idea bastante generalizada en física: la minimización de la energía. En la naturaleza, un objeto con libertad de movimiento intentará alcanzar su posición de mínima energía hasta alcanzar un punto de equilibrio. Por ejemplo: si se deja caer una pelota por una pendiente, rodará hasta llegar al punto más bajo de la depresión del terreno. Ese punto del terreno representa una posición de equilibrio estable que la pelota no abandonará a menos que algo intervenga para sacarla.

Algo similar ocurre con el hielo, que por debajo de

una temperatura de 0 °C se halla en un estado de equilibrio estable (sólido) correspondiente a un mínimo de su energía libre. Al aumentar la temperatura, las moléculas, que en la fase sólida ocupan posiciones definidas en la red cristalina, empiezan a agitarse hasta perder sus posiciones fijas y moverse libremente. Es la fase líquida, que también representa un equilibrio estable y se corresponde con otro mínimo de su energía libre.

Proporcionar calor al agua es como dar empujones a la pelota: si los empujones son suaves, la pelota se moverá un poco, pero no tendrá suficiente energía para salir de la depresión; si los movimientos aumentan de intensidad, la pelota adquirirá suficiente energía para salir de la depresión y seguirá moviéndose hasta encontrar otra posición de equilibrio.

De manera similar, las moléculas de agua, inmóviles en la red cristalina que define su fase sólida, se irán agitando más conforme aumente la temperatura, hasta que al llegar a 0 °C los enlaces que las mantienen unidas empezarán a romperse. En esa fase, si se sigue proporcionando calor, la temperatura ya no aumentará, pero la energía suministrada al sistema seguirá rompiendo los enlaces entre las moléculas hasta que todo el hielo se haya fundido, convertido en agua y encontrado su nueva posición de equilibrio estable en la fase líquida.

Este tipo de transiciones de fase, denominadas de primer orden, se caracterizan por dos fenómenos importantes.

El primero es el hecho de que en las proximidades del punto crítico el sistema no muestra ningún rasgo macroscópico que pueda llevar a pensar en su inminente transformación. A 0,5 °C, por ejemplo, el agua no muestra ningún indicio que nos permita suponer que, si bajamos la temperatura medio grado más, empezará a congelarse. No se forman islas de hielo en el agua ni islas de agua en el hielo cuando el sistema se acerca a la temperatura crítica.

El segundo fenómeno significativo es la existencia del denominado «calor latente», la cantidad de calor consumida en romper los enlaces moleculares en lugar de aumentar la temperatura del sistema. El calor que proporcionamos cuando el hielo está a 0 °C sirve para romper los enlaces hasta que todo el hielo se derrite. Esta cantidad de calor que tenemos que suministrar al sistema para que cambie de estado es precisamente el calor latente.

Estas transiciones de fase pueden describirse a veces como transiciones de un estado ordenado del sistema a uno desordenado. En efecto, en la fase sólida las moléculas ocupan posiciones definidas en la red cristalina y, por lo tanto, se encuentran en una fase ordenada. En la fase líquida, en cambio, las moléculas de agua pueden moverse libremente y la situación microscópica aparece mucho más desordenada que en la fase anterior.

Transiciones de fase de segundo orden

No todos los materiales se comportan como el agua. Hay otras transiciones de fase que se producen sin la presencia de calor latente, es decir, sin que, una vez alcanzada la temperatura crítica, haya que aportar cierta cantidad de calor adicional para pasar de un estado a otro.

En esos casos, la transición se produce de forma continua, podríamos decir que «suavemente», a medida que nos acercamos a la temperatura crítica. Son las denominadas transiciones de fase de segundo orden.

Pongamos un ejemplo: el imán o calamita, que a temperatura ambiente es un sistema magnético, pierde su magnetización al aumentar la temperatura. En términos técnicos, se dice que la calamita pasa de una fase ferromagnética (magnética) a una fase paramagnética (no magnética).

Para hacernos una idea de lo que ocurre en el interior del sistema, podemos visualizar el campo magnético de la calamita como una flecha orientada en el espacio, exactamente como la aguja de una brújula, con la punta apuntando al norte.

Este campo magnético macroscópico lo genera la suma de los numerosos campos magnéticos elementales de cada partícula del sistema, que se denominan espines. Dentro de la calamita, las interacciones que existen entre los espines hacen que estos se alineen de un mismo modo: como un enorme número de flechitas apuntando en la misma dirección y sentido.

En el caso de la magnetización también se produce una transición de fase al aumentar la temperatura. En efecto, el calor aportado a la calamita provoca un aumento del movimiento de los espines, que pueden variar su orientación. De ese modo tenderán a desordenarse y a perder su alineación. Es justamente la alineación de los espines la que genera el campo magnético macroscópico, que, al aumentar la temperatura, irá disminuyendo hasta desaparecer por completo.

También aquí la transición de fase puede describirse como el paso de una fase más ordenada a otra menos ordenada del sistema.

Para facilitar nuestro razonamiento, podemos echar mano del modelo postulado en 1924 por el entonces estudiante Ernst Ising en su tesis doctoral, probablemente el primer modelo ideado por un físico para ayudar a comprender la realidad simplificando al máximo su descripción. Este modelo permite al espín orientarse únicamente en dos sentidos: hacia arriba o hacia abajo (como se ve en la figura 1), mientras que se descartan todas las demás orientaciones.

La fuerza que existe entre los espines es tal que tenderán a alinearse en un mismo sentido (todos hacia arriba o todos hacia abajo), mientras que la agitación térmica ten-

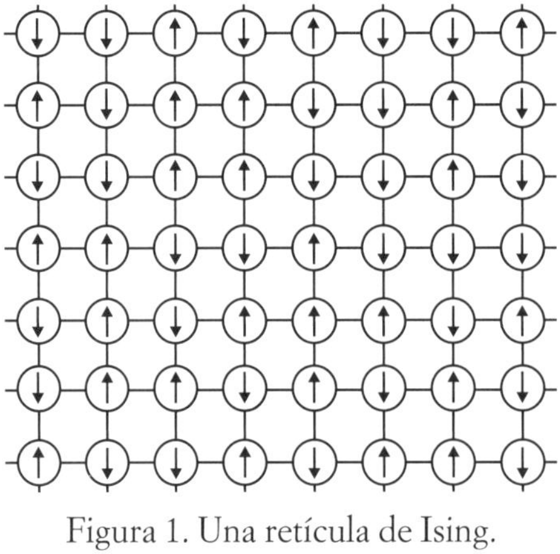

Figura 1. Una retícula de Ising.

derá a desalinearlos y a hacer que algunos de ellos giren en sentido contrario a los demás.

La fase ferromagnética se corresponderá con aquella situación en la que la mayoría de los espines están orientados en un mismo sentido (fase ordenada), mientras que en la fase paramagnética habrá un 50 % de espines apuntando hacia arriba y otro 50 % apuntando hacia abajo, todos ellos distribuidos de forma aleatoria (fase desordenada).

También puede describirse el sistema en términos de simetría: si una determinada transformación no altera sus características, decimos que nos hallamos ante una simetría del sistema.

Tomemos como ejemplo la transformación «inversión de todos los espines». Si la aplicamos a la fase desordenada, o paramagnética, no cambia nada: seguiremos teniendo un 50 % de espines apuntando hacia arriba y un 50 % apuntando hacia abajo, siempre distribuidos de forma aleatoria; esta constituye, pues, una simetría del sistema.

En cambio, por debajo de la temperatura crítica, cuando la mayoría de los espines apuntan en un mismo sentido (como en la figura 2A, donde la mayoría de los puntos son grises), su inversión se traducirá en una inversión del campo magnético macroscópico generado, que cambiará de signo (es decir, la mayoría de los puntos pasarán a ser blancos). Así, en la fase ordenada, o ferromagnética, la inversión de los espines no es invariante, dado que invierte el campo magnético.

En este caso se dice que se ha producido una «ruptura espontánea de la simetría» entre las dos fases: una simetría existente en la fase paramagnética (la inversión de los espines) deja de existir una vez realizada la transición de fase, cuando el sistema se halla en la fase ferromagnética. La simetría se ha roto espontáneamente, es decir, sin la participación de fenómenos externos.

Las transiciones magnéticas pertenecen a la categoría de las transiciones de fase de segundo orden, que se caracterizan todas ellas por tener un parámetro, llamado «parámetro de orden» (en este caso la magnetización), que registra el cambio en la transición entre una fase ordenada y otra desordenada del sistema.

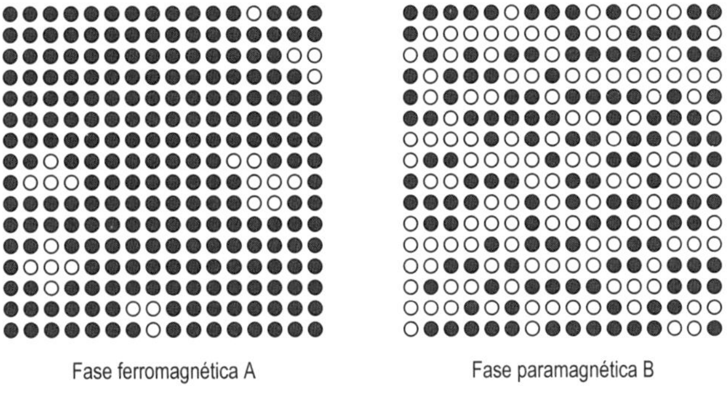

Figura 2. Las fases del modelo de Ising. El color gris señala los espines orientados hacia abajo, mientras que el blanco corresponde a los espines orientados hacia arriba. En la fase ferromagnética (A) se ven pequeños islotes de espines que apuntan hacia arriba (blanco), mientras que del resto, que representan la mayoría (grises), apuntan hacia abajo. En la fase paramagnética (B) los espines se distribuyen de forma aleatoria, la mitad apuntando hacia arriba y la otra mitad hacia abajo.

A primera vista, el sistema magnético podría parecer más sencillo que otros sistemas como el agua, en tanto que, a diferencia de estos (y como hemos visto antes), no presenta discontinuidades. Pero el diablo está en los detalles, y en el caso de las transiciones de segundo orden los detalles resultan bastante complejos.

Tomemos un trozo de imán o calamita, manteniéndolo a alta temperatura para que no tenga magnetización, y coloquémoslo en un campo magnético; a continuación, bajemos poco a poco la temperatura: veremos que el sistema se magnetiza cada vez con mayor facilidad a medida que nos vamos acercando a la temperatura crítica. Una vez alcanzada esta, se produce la transición, y el imán adquiere una magnetización propia sin necesidad del campo magnético externo.

Dentro de la calamita se crean islas ferromagnéticas cada vez mayores. Estudiar esta situación de coexistencia de las dos fases (ilustrada esquemáticamente en la figura 3) resulta extremadamente complicado.

Clases de universalidad

Los físicos experimentales han constatado un hecho interesante: el comportamiento de un sistema magnético no depende mucho del comportamiento de los objetos elementales individuales que lo forman.

Tomando en consideración sustancias magnéticas extremadamente distintas, entre las que difieren tanto las interacciones de sus componentes microscópicos como las descripciones de sus detalles cuánticos, se puede observar que, al acercarse a la temperatura crítica, la magnetización tiende a cero, siguiendo siempre una misma evolución. Esta evolución se describe matemáticamente mediante una función de ley potencial que tiene como exponente un parámetro numérico, llamado ß (beta), cuyo valor comparten toda las sustancias magnéticas de una misma clase, incluso cuando resultan ser muy diferentes entre sí.

Es como si los coches que compiten en un gran premio de Fórmula 1 hicieran lo que les viniera en gana durante toda la carrera, pero luego frenaran todos por igual en la última vuelta para detenerse finalmente en la meta.

Se trata de un descubrimiento sorprendente e inesperado: aunque los detalles microscópicos sean completamente distintos, el comportamiento colectivo es idéntico. Este resultado fue formalizado por Leo Kadanoff, quien

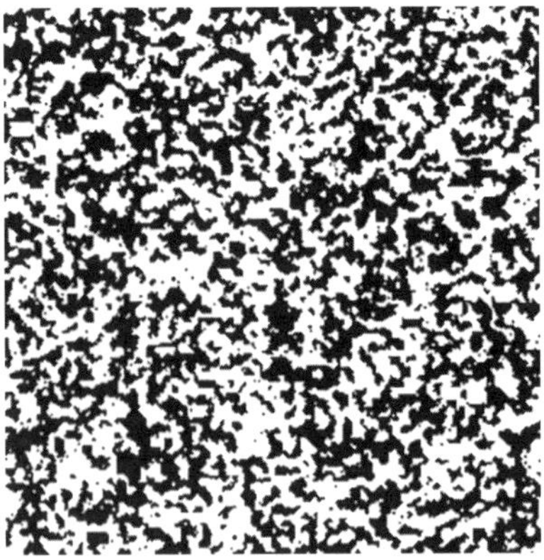

Figura 3. Modelo de un imán o calamita a la temperatura crítica. Se desarrollan estructuras ferromagnéticas que aumentan de tamaño a medida que disminuye la temperatura.

acuñó el concepto de las diversas «clases de universalidad» en las que podían dividirse los fenómenos de transición de fase. Los fenómenos con el mismo valor de exponente beta pertenecen a una misma clase.

Este hecho recuerda a la visión platónica de la naturaleza: podría decirse que hay un número relativamente pequeño de clases de universalidad de los comportamientos críticos, y que cada sistema real puede adscribirse a una de esas clases de universalidad (esto es, a una idea, si preferimos utilizar la terminología de Platón).

La división de las clases depende de los grados de libertad de los componentes elementales del sistema. Por ejemplo, los grados de libertad son distintos si los espines pueden moverse en las tres dimensiones del espacio, o si están limitados a moverse en un plano, o si solo pueden rotar; en definitiva, dependen de cuánto y cómo pueden moverse los constituyentes elementales de la materia en cuestión, y el valor del número puro beta depende solo de esos grados de libertad.

A principios de la década de 1960, este problema (del que veremos un ejemplo concreto dentro de un momento) se consideraba, justificadamente, objeto de especial interés, y daba la sensación de que se disponía de todas las herramientas necesarias para resolverlo dando con la formulación apropiada para calcular los exponentes críticos. Así que me puse a trabajar en las transiciones de fase, convencido de que en poco tiempo llegaría a la solución, para volver luego a ocuparme de los problemas pendientes relativos a las partículas elementales, que parecían más complejos.

Invariancia de escala

Se trataba básicamente de estudiar sistemas en los que las interacciones magnéticas entre los espines eran fuertes. Se conocían ya las interacciones a nivel microscópico, y había que encontrar una formulación que, partiendo de la descripción microscópica conocida, fuera capaz de describir el sistema a un nivel intermedio que ya no hiciera referencia a los detalles microscópicos, dado que el comportamiento de la magnetización no depende de estos. Es en ese nivel intermedio —el nivel mesoscópico— donde hay que estudiar las fluctuaciones del sistema: grupos de átomos, más o menos numerosos, que pasan de una fase a otra.

La evolución del sistema puede analizarse estudiando esas fluctuaciones y sus interacciones mutuas. Como veremos en breve, las fluctuaciones son independientes de la escala que utilicemos para analizar el sistema.

Ya se había llevado a cabo un gran trabajo —como el realizado por Giovanni Jona-Lasinio y Carlo Di Castro— para comprender en detalle el origen del comportamiento mesoscópico. Kenneth Wilson hizo dos avances fundamentales, que presentó en sendos artículos publicados en 1971 y 1972, acerca de cómo elaborar una formulación que permitiera calcular los exponentes críticos. Dicha formulación, denominada «grupo de renormalización», le valdría el Premio Nobel en 1982.

Grupo de renormalización

Para poder entender por qué la técnica propuesta por Wilson para abordar las transiciones de fase de segundo orden se bautizó como «grupo de renormalización», conviene hacerse una idea general del procedimiento que utilizó.

La descripción del sistema en el nivel intermedio es una descripción invariante para una transformación de escala; es decir, que el resultado de nuestra observación no depende de cuánto nos acerquemos a él o nos alejemos de él.

Fijémonos en la figura 4.

La imagen de la derecha es una ampliación de la sección de la imagen de la izquierda encerrada en el cuadrado. Como muestra la figura, no hay forma de diferenciar el sistema al variar la escala de observación o, si se quiere, el «nivel de aumento» con el que lo observamos.

Volvamos a nuestro sistema esquematizado en la figura 3. Sus fluctuaciones se comportan básicamente del

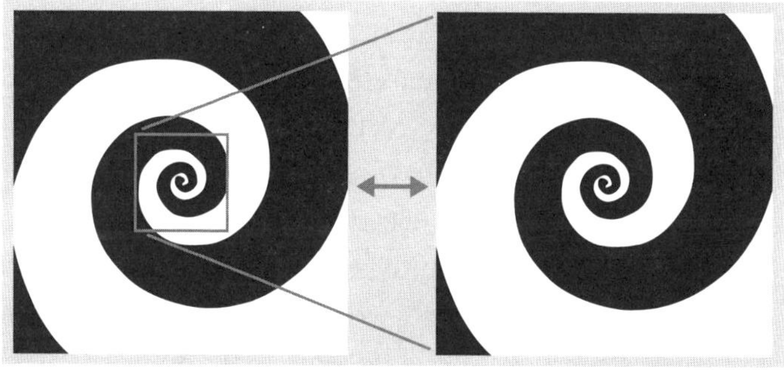

Figura 4. La invariancia de escala en una figura fractal.

mismo modo, salvo por su escala: cuanto más «de lejos» observe el sistema (imaginemos que utilizamos un objetivo gran angular), más pequeñas me aparecerán las fluctuaciones; cuanto más me acerque (utilizando el zoom), más grandes las veré.

La idea —presentada ya por Kadanoff— consiste en dividir el sistema en cuadrados que contengan un determinado número de espines. Fijémonos en la figura 5A: cada sección de 3 × 3 cuadraditos agrupa 9 espines. El siguiente paso es contar cuántos de esos 9 espines apuntan hacia arriba (negros) y cuántos hacia abajo (blancos). Si tomamos, por ejemplo, el recuadro de 3 × 3 de la parte superior izquierda, vemos que contiene 6 cuadraditos negros y 3 blancos; por lo tanto, predominan los negros. Ahora trasladamos este nuevo valor que acabamos de calcular a la imagen de la derecha (figura 5B) como si se tratara de una única entidad, de un solo espín. El cuadrado de la parte superior izquierda de la figura 5B será, pues, negro. Cada uno de los cuadrados de la figura 5B está formado por espines cuyo color viene determinado por el color de la mayoría de los 9 espines de la sección inicial.

Por expresarlo de forma resumida, utilizamos un mecanismo similar al de las elecciones presidenciales en Estados Unidos: el candidato que obtiene la mayoría en un estado se lleva todos los delegados de dicho estado.

Cada vez que realizamos esta operación, estamos de hecho cambiando de escala y reduciendo en buena parte el número de variables que hay que tener en cuenta (así, en lugar de los 9 espines iniciales de la parte superior iz-

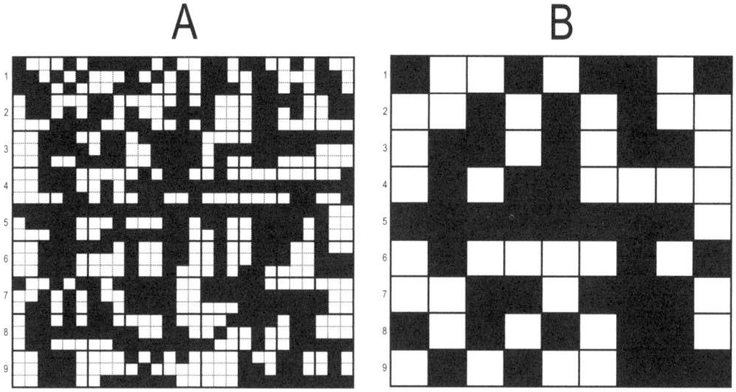

La figura 5B se ha construido tomando grupos de 3 × 3 cuadraditos de la figura 5A y coloreando el correspondiente cuadrado de la figura 5B en negro si la mayoría de los nueve cuadrados iniciales eran negros, o en blanco en caso contrario.

quierda de la figura 5A, ahora tenemos solo un espín en el primer cuadrado de la figura 5B).

La nueva representación (a escala superior) sigue siendo una buena representación de nuestro sistema; solo lo estamos observando «con un grano más grueso». La técnica de Wilson nos ha permitido pasar de una escala a la siguiente: de ahí el término «renormalización».

Así pues, a comienzos de la década de 1970 también las transiciones de fase de los sistemas magnéticos habían hallado una descripción apropiada, de modo que retorné a la física de las partículas elementales.

VIDRIOS DE ESPÍN: LA INTRODUCCIÓN DEL DESORDEN

> Gran parte de la inteligencia artificial que se encuentra en las aplicaciones comunes de internet se basa en la teoría de los vidrios de espín y las redes neuronales.

El mejor trabajo de toda una vida de investigación puede surgir por casualidad: uno se tropieza con él en un camino emprendido para ir a otro sitio.

A mí me ocurrió justamente eso. La que se considera mi mayor aportación a la física, la teoría de los vidrios de espín, nació cuando estudiaba un problema de partículas elementales.

Para resolverlo, parecía que la herramienta más apropiada era una determinada técnica matemática, conocida como método de las réplicas, que yo no dominaba aún. De modo que me hice con toda la bibliografía existente sobre el tema y empecé a estudiarla. El llamado método o truco de las réplicas es un método matemático en el que se toma un sistema y se replica varias veces para luego comparar el comportamiento de las distintas réplicas. Sin duda parecía apropiado para resolver mi problema, pero en uno de los casos descritos en la bibliografía daba resultados totalmente incoherentes sin que se entendiera el porqué.

Abordar un problema nuevo —y, por lo tanto, poco claro por definición— con un instrumento que quizá no funcionara no era una buena idea. Es como usar una brújula que de vez en cuando apunta hacia al sur en lugar de hacia el norte sin saber siquiera cuándo ni por qué.

De modo que decidí comprobar la fiabilidad del instrumento.

Esto ocurría poco antes de la Navidad de 1978, y por entonces yo trabajaba en Frascati. Fotocopié el artículo que exponía el caso en el que la técnica de las réplicas producía resultados poco fiables, y me lo llevé para estudiarlo durante las vacaciones.

El artículo abordaba problemas relacionados con los sistemas desordenados y los vidrios de espín, temas muy alejados del que por entonces era mi ámbito de estudio y de los que nunca me había ocupado. Por otro lado, para mí era crucial entender por qué el método no funcionaba en aquel caso concreto. De modo que estudié el modelo y rehíce los cálculos. Todos eran correctos, pero el resultado era incoherente. El asunto merecía una investigación más profunda.

Al regreso de las vacaciones encontré algunos trabajos donde se presentaban diversos avances, de modo que la solución parecía estar al alcance de la mano. Intenté resolver el problema a partir de aquellos estudios más avanzados creyendo que me resultaría fácil, pero, cuanto más trabajaba en el problema, más difícil parecía.

Si bien algunos resultados eran coherentes, otros se desviaban de los valores de las simulaciones informatizadas, lo cual constituía un indicio de que en realidad la solución no estaba cerca. Probablemente hacía falta un cambio radical de perspectiva.

Sin darme cuenta, estaba empezando a explorar un nuevo campo de investigación. Ya no pensaba en el problema de las partículas elementales del que había partido; ahora mi interés se centraba en algo completamente distinto.

Vidrios de espín

Los vidrios de espín son aleaciones metálicas que reciben este nombre porque su transición de fase magnética, debido al comportamiento de los espines de las partículas que constituyen la aleación, se comporta como las transiciones de fase del vidrio.

Estas aleaciones están formadas por metales nobles, como el oro o la plata, en los que se ha diluido una pequeña cantidad de hierro. A altas temperaturas se comportan como los sistemas magnéticos normales, pero cuando la temperatura desciende por debajo de un determinado valor presentan un comportamiento similar al del vidrio, la cera o el betún: los cambios se van haciendo cada vez más lentos y el sistema parece no alcanzar nunca un estado de equilibrio.

Todos hemos estudiado en la escuela que un líquido es un material que adopta la forma del sólido en el que se vierte. Está claro, pues, que el vidrio a alta temperatura es un líquido, pero también es obvio que ese líquido presenta un comportamiento inusual. Por ejemplo, si cogemos un recipiente lleno de vidrio fundido (o de miel, o de cera) y le damos la vuelta, el líquido no cae al suelo de golpe, sino que empieza a «gotear» poco a poco del recipiente. Cuanto más se enfría el vidrio, más lentamente gotea: por alguna razón, el comportamiento del sistema se ralentiza enormemente al enfriarse.

Esta tremenda ralentización de la dinámica del sistema a medida que desciende la temperatura tiene algo en común con el comportamiento de la magnetización en las aleaciones metálicas. Es como si al disminuir la temperatura disminuyera al mismo tiempo la posibilidad de movimiento de los espines y, por lo tanto, les resultara imposible alcanzar la posición de equilibrio.

Volvamos al ejemplo mencionado anteriormente e imaginemos un autobús que se va llenando de gente: mientras la densidad sea relativamente baja, una persona que quiera ir de un punto a otro del autobús podrá hacerlo desplazando a otras a su paso. Obviamente, las personas que se desplacen harán desplazarse a su vez a otras, en un efecto dominó. Todo funcionará bien mientras haya espacio de sobra, pero cuanto mayor sea la densidad y más estrecho el contacto entre la gente, cuanto más disminuya el espacio entre una persona y otra, más difícil será moverse y más gente quedará bloqueada. Los ingleses llaman a esto *traffic jam*, es decir, «atasco» o «embotellamiento».

Este fenómeno era lo bastante generalizado (afecta al vidrio, la cera, la miel, la brea, algunas aleaciones metálicas...) como para incitar a los estudiosos a investigar su funcionamiento. Y la mejor forma de abordarlo era elaborar un modelo, inicialmente sencillo, que reprodujera el fenómeno. Este procedimiento permitiría descubrir cuáles son las características o interacciones esenciales que generan la ralentización de la dinámica cuando cambia la temperatura. Dichas características e interacciones, que están presentes en el vidrio, la miel, la cera, el betún y ciertas aleaciones metálicas, deberían, por el contrario, estar ausentes en el agua y, en general, en casi todos los demás líquidos que no presentan este comportamiento.

Los modelos

El estudio de las transiciones de fase de estos materiales también resulta difícil desde una perspectiva experimental. Como dato curioso, diré que en Australia se está llevando a cabo un experimento único en su género. Partiendo de una determinada cantidad de brea a temperatura controlada en una situación en la que esta todavía conserva una ligera viscosidad, de modo que sigue moviéndose y puede formar gotas, se mide la frecuencia con la que caen las gotas. El experimento se inició en 1927, y hasta 2014 solo habían caído nueve gotas; desde ese año no he seguido su evolución, pero en cualquier caso es difícil imaginar cuánto tiempo pasará antes de que obtengamos algún resultado interesante...

El estudio de estos sistemas resulta complejo, y seguramente la mejor opción es construir un modelo sintético más sencillo de las situaciones reales que nos ayude a encontrar soluciones.

Para entender qué es un modelo y qué utilidad tiene para un físico teórico, podemos pensar, por ejemplo, en el juego del Monopoly. Se trata de un modelo de sociedad en el que solo se han instaurado unas cuantas reglas sencillas: la disposición y el coste del suelo, el coste de los edificios y el valor de las rentas inmobiliarias. Luego se añaden algunos elementos aleatorios que también están presentes en nuestra vida, representados por la tirada de dados para desplazarse y una serie de «imprevistos» y «probabilidades» de caer en situaciones difíciles o salir de ellas.

Con estas sencillas reglas, al cabo de un rato de juego se puede constatar la aparición de una característica propia de los sistemas capitalistas: quien más dinero tiene se enriquece cada vez más.

Del mismo modo que el Monopoly no contiene toda la complejidad de una sociedad real pero aun así revela algunas de sus características, también los modelos construidos por los físicos carecen de toda la complejidad propia de los sistemas reales, pero, si somos capaces de introducir en ellos las reglas más significativas, podemos esperar que reproduzcan algunas de las características fundamentales del fenómeno que queremos estudiar.

Una vez construido el modelo e introducidas las reglas que describen su funcionamiento, podemos hacer evolucionar el sistema, o, por seguir con nuestro ejemplo, iniciar la partida de Monopoly; es decir, simular en el ordenador la transición de fase de nuestro sistema aumentando o disminuyendo la variable que hemos definido como la temperatura de nuestro modelo sintético.

Conforme vaya evolucionando, el modelo generará determinados resultados. Por ejemplo, en el caso del Monopoly, el hecho de que «quien más dinero tiene se enriquece cada vez más»; o en el modelo de Ising la fase ferromagnética que surge al bajar la temperatura.

A continuación da comienzo el trabajo para desarrollar la teoría, es decir, la estructura matemática que reproduzca los resultados de las simulaciones partiendo de las reglas y los datos iniciales de nuestro modelo sintético. Hoy el laboratorio experimental ya no se basa en imanes, circuitos, mecheros ni nada parecido; ahora es nuestro ordenador, con el que ya no pretendemos reproducir el funcionamiento de las aleaciones metálicas, sino el de nuestro modelo.

Si lo logramos, en una segunda fase nos ocuparemos de comprobar cómo la teoría deducida puede resultar útil en casos reales: aleaciones metálicas, vidrio, cera y muchísimos otros sistemas.

El modelo de los vidrios de espín

Como veíamos antes, en el modelo de Ising las fuerzas existentes entre los espines son tales que a baja temperatura estos tienden a alinearse en un mismo sentido, ya sea todos hacia arriba o todos hacia abajo.

En cambio, en el modelo de los vidrios de espín la fuerza que actúa entre ciertos pares de espines tiende a orientarlos en sentidos opuestos, lo cual complica las cosas.

Pongamos un ejemplo práctico. En la vida es habitual que descubramos que nuestros objetivos resultan ser incompatibles con los de otras personas, por lo que nos vemos obligados a renunciar a perseguirlos. Digamos que me gustaría ser amigo del señor Blanco y del señor Rojo, pero, por desgracia, ellos se odian mutuamente, por lo que me resulta difícil hacerme demasiado amigo de ambos a la vez. Esta situación, ya frustrante de por sí, se vuelve aún más compleja cuando hay muchas personas implicadas.

Imaginemos una tragedia con este argumento: hay una lucha entre dos grupos, y cada personaje del drama debe elegir un bando. Cada uno de ellos, además, tiene fuertes simpatías o antipatías hacia el resto (¡ya hemos dicho que es una tragedia!). Para simplificar, podemos suponer que esos sentimientos de simpatía o antipatía son mutuos (aunque hoy en día se han desarrollado métodos que también permiten manejar situaciones en las que no lo son).

Tomemos ahora tres personajes de este drama, Ana, Beatriz y Carlos. Si los tres se caen bien mutuamente no habrá problema: elegirán el mismo bando. Igualmente sencilla será la solución si dos de ellos se caen bien y ambos sienten antipatía por el tercero, que a su vez les corresponde con el mismo sentimiento; en este caso la pareja afín elegirá un bando y el tercer personaje optará por el otro. Pero ¿qué ocurrirá si los tres se caen mal entre sí? Se producirá un cierto grado de frustración, porque dos personas que sienten antipatía mutua tendrán que estar necesariamente en un mismo bando.

Cuando esa frustración se extiende a un gran número de tripletes la situación empieza a hacerse obviamente inestable, y es posible que algunos elementos cambien de bando en un intento de hallar un estado donde la frustración total sea menor. Podemos definir la «tensión dramática» como el cociente entre el número de tripletes frustrados y el número total de tripletes.

Varios estudios detallados han revelado que en las tragedias de Shakespeare la tensión dramática así definida es bastante baja al principio de la obra, alcanza un máximo en torno a la mitad de esta y luego disminuye hacia el final.

En el esquema del vidrio de espín ilustrado en la figura 6, donde ya no hay tripletes, sino que los espines se sitúan en una retícula cuadrada, cada espín puede orientarse únicamente hacia arriba o hacia abajo (no se permite ninguna otra orientación). Lo que en el ejemplo anterior podíamos definir como «vínculo de simpatía» lo denominamos ahora «vínculo ferromagnético»: una fuerza que tiende a alinear los espines en un mismo sentido y que hemos reproducido en la figura mediante una línea continua. Por su parte, el «vínculo de antipatía» se convierte aquí en un «vínculo antiferromagnético», que se reproduce mediante una línea discontinua y representa una fuerza que tiende a alinear los espines en sentidos opuestos. También en este caso podemos constatar fácilmente la existencia de situaciones frustrantes. Fijémonos, por ejemplo, en la figura 7.

En este caso, el espín de la parte superior izquierda tiene un vínculo antiferromagnético con el de debajo y un vínculo ferromagnético con el de la derecha, por lo que solo puede satisfacer a uno de los dos y «no sabe» si alinearse hacia arriba o hacia abajo.

Los primeros modelos de vidrios de espín fueron los utilizados por Edwards y Anderson, pero el más sencillo fue el que diseñaron Sherrington y Kirkpatrick en 1975.

Volviendo a mi problema, si se usaba la técnica de las réplicas para calcular las magnitudes físicas del sistema de vidrios de espín descrito por el modelo de Sherrington y Kirkpatrick, se llegaba a una serie de incoherencias. Por ejemplo, el cálculo de la entropía daba valores negativos, lo cual resulta imposible, dado que en cualquier sistema

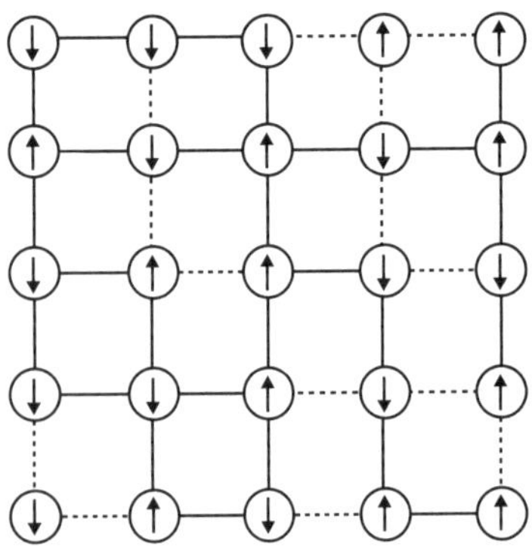

Figura 6. Esquema de un vidrio de espín. A baja temperatura, los espines unidos por la línea discontinua intentan orientarse en sentidos opuestos, mientras que los espines unidos por la línea continua intentan alinearse en un mismo sentido.

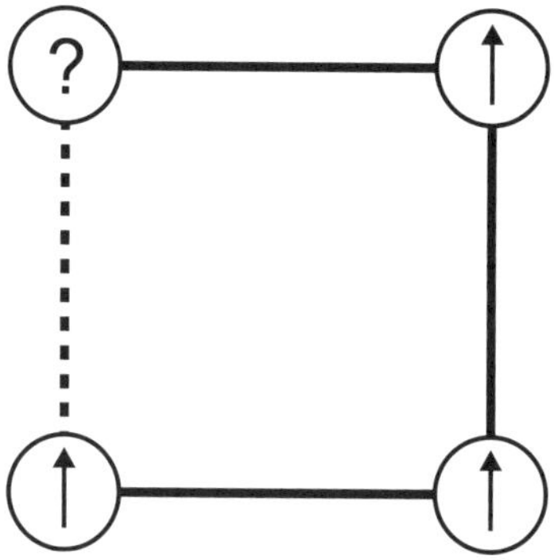

Figura 7. Los tres vínculos reproducidos mediante líneas continuas son ferromagnéticos, mientras que el reproducido mediante la línea discontinua es antiferromagnético.

físico la entropía es, por definición, una variable positiva. Si el cálculo de la entropía de un sistema produce resultados negativos, o bien dicho cálculo es erróneo (lo que puede ocurrir, pero no era el caso aquí, como todos habíamos constatado), o bien hay un error conceptual en algún sitio.

La búsqueda de la solución

Los errores conceptuales que cometí inicialmente fueron dos. El primero era un error técnico, y, como tal, resulta difícil de explicar a quienes no están familiarizados con estos trabajos; en cualquier caso, diré que estaba relacionado con supuestos matemáticos incorrectos.

El otro era un error de física, y se debía a que en realidad yo no tenía ni idea de las características del fenómeno que estaba estudiando (de hecho, tardaría más de tres años en comprender el significado físico de la solución matemática que había encontrado).

En el primer artículo que escribí sobre el tema, en 1979, demostraba que se podía utilizar cierto constructo para resolver parcialmente el problema. Al final añadía deportivamente: «Este constructo se puede generalizar para llegar a la solución completa».

Como ocurre siempre con los artículos científicos antes de su publicación, también el mío se remitió a un «árbitro», es decir, a un colega capaz de valorar si el trabajo merecía publicarse o no. Su comentario fue más o menos este: «Lo que hace aquí Parisi resulta absolutamente incomprensible; sin embargo, puesto que las ecuaciones dan resultados que concuerdan con las simulaciones informatizadas, el trabajo puede publicarse. En cuanto a la parte relativa a la generalización del planteamiento al caso más complejo, no vale ni el papel en el que está escrita». El artículo se publicó, pero eliminé la última parte.

Anécdotas aparte, la verdad es que yo realmente no entendía lo que estaba haciendo. Había encontrado unas cuantas reglas para poder abordar el problema, las aplicaba y, al final, tras una serie de pasos, me salían unas ecuaciones que tenían sentido, y que, sobre todo, reproducían los datos de las simulaciones informatizadas y proporcionaban un valor positivo para la entropía.

Sin embargo, no llegaba a entender lo que ocurría «en medio de los cálculos». Para mí era como entrar en un túnel y de repente encontrarme al otro lado.

En mi siguiente artículo, la concordancia entre los resultados de la teoría y las simulaciones sugería que la teoría podía tener sentido, pero ese sentido seguía siendo oscuro.

El hecho físico que yo no entendía estaba relacionado con un aspecto ya mencionado: lo que los físicos denominan el «parámetro de orden». Como hemos visto, los cambios de estado de un sistema generalmente se caracterizan por la variación de un determinado parámetro. Por ejemplo, el parámetro de orden para estudiar la transición entre un líquido y un gas es la densidad, mientras que en el caso de la transición magnética el parámetro de orden que se ha de estudiar es la magnetización. Estos parámetros de orden varían durante las transiciones de fase, adoptando diferentes valores numéricos cuyo significado físico, como el de la densidad o la magnetización, resulta muy fácil de entender.

Sorprendentemente, en los resultados de mis cálculos sobre los vidrios de espín el parámetro de orden ya no era un simple número cuyo valor variaba durante la transición; lo que variaba aquí en las transiciones era una función. Ya no bastaba un punto para definir la transición, sino que había que utilizar una función integrada no por un solo número, sino por infinitos números.

¿En qué se traducía físicamente esa función? El hecho de tener una función en lugar de un número como parámetro de orden de una transición también marcaba un punto de inflexión a la hora de utilizar el método de las réplicas tal como se venía haciendo normalmente. Cuando el parámetro era un solo número, el método de las réplicas producía resultados absurdos; si, por el contrario, el parámetro de orden era una función, es decir, un conjunto infinito de números (del mismo modo que una línea puede concebirse como un conjunto infinito de puntos), entonces el método de las réplicas funcionaba y daba resultados coherentes.

Obviamente, la necesidad de tener un número infinito de parámetros (es decir, una función) para describir la transición del sistema debía de tener un profundo significado físico, pero por entonces dicho significado resultaba del todo incomprensible.

Matemáticas extrañas

Antes de llegar a la física, tratemos de entender qué modificación hacía falta desde una perspectiva matemática.

Para que el método de las réplicas funcionara, tenía que «ampliarlo». La posibilidad de ampliar un método matemático se basa en una idea antigua. Probablemente el primero en utilizarla fue Nicolás de Oresme, un obispo, matemático, físico y economista francés que vivió a mediados del siglo XIV.

Nicolás de Oresme fue un personaje increíble, la prueba palpable de que la Edad Media no fue una época tan oscura para la ciencia como aseguraban incluso nuestros libros de texto. Entre muchas otras cosas que dan una idea de sus habilidades, escribió un libro (¡hacia 1360!) sobre la distorsión causada por la refracción atmosférica en la posición aparente de las estrellas. Desde luego, no lo he leído entero, está en latín... Pero desde un punto de vista conceptual su razonamiento era correcto. Probablemente se le ocurrió la idea al observar el Sol achatado en el horizonte al atardecer, lo que le llevó a pensar que debía de haber una distorsión. El cálculo de dicha distorsión resulta de suma importancia para realizar observaciones astronómicas precisas, ya que la magnitud aparente de las estrellas debe corregirse hasta en dos o tres grados.

Volviendo a lo que nos ocupa, Oresme fue el primero en comprender que elevar un número a la ½ potencia equivale a extraer su raíz cuadrada. A nosotros eso nos parece algo trivial, lo hemos estudiado en secundaria, y no somos conscientes del salto lógico que dio Oresme al hacer extensivas a los números fraccionarios las propiedades de las potencias, propiedades hasta entonces reservadas exclusivamente a los números enteros.

La idea de elevar un número a una determinada potencia es muy sencilla: elevar un número al cuadrado significa tomar dos veces dicho número y multiplicarlas; para elevarlo al cubo hay que tomar tres veces el número, y así sucesivamente. Elevarlo a ½ parece, pues, una operación absurda: ¿qué significa «tomar media vez» un número? Lo que hizo Oresme fue ampliar una de las propiedades de la potenciación: aquella según la cual, si se quiere elevar a una potencia un número ya elevado a otra, hay que multiplicar sus exponentes. Así, por ejemplo, 22 elevado al cubo es igual a 26 (esto es, 64 o 43).

Si elevando al cuadrado un número elevado a ½ obtenemos el número de partida (dado que 2 multiplicado por ½ es igual a 1), eso significa que elevar a ½ equivale a extraer la raíz cuadrada. Y, en efecto, la raíz cuadrada de un número elevado al cuadrado es el propio número.

Dado que, como hemos señalado, tomar media vez un número no tiene sentido, estas propiedades se derivan de un modo meramente formal; pero las propiedades formales garantizan un resultado coherente. Nicholas de Oresme fue más allá de la perspectiva original basada en una comprensión inmediata; al hacer valer las propiedades formales obtuvo un método muy sencillo para resolver incluso operaciones complejas.

A partir de Oresme, las matemáticas han avanzado con frecuencia extendiendo propiedades de manera formalmente correcta a nuevas condiciones y ampliando así sus horizontes.

Para resolver mi problema recurrí a un método similar: apliqué formalmente técnicas matemáticas desarrolladas y verificadas solo para números enteros con la esperanza de que las propiedades de la formulación siguieran siendo válidas también para números no enteros.

Mi idea concreta consistió en una ampliación del cálculo combinatorio. El cálculo combinatorio me dice, por ejemplo, cuántas formas hay de disponer 10 objetos por parejas en 5 cajones. Ampliándolo, puedo emplear la misma ecuación para averiguar de cuántas formas se pueden disponer 5 objetos en 10 cajones, de manera que en cada cajón haya «media vez» un objeto. Obviamente, el resultado tendrá poco sentido, porque desde un punto de vista práctico la operación no se puede realizar; no se trata aquí de cortar el objeto por la mitad, sino de postular que el número de objetos que hay en el cajón es de un medio. Sin embargo, para poder llegar a una solución normal, en la que existieran cosas reales, tenía que pasar primero por esos objetos imaginarios: cajones que contenían media vez un objeto, un número total de objetos que no era entero y un número total no entero de formas en las que se podía disponer las cosas no enteras en los cajones.

Partiendo de ese procedimiento, mi idea fue dividir los objetos por la mitad, y luego otra vez por la mitad, y otra vez por la mitad, haciendo así que el número de objetos de los cajones tendiera a cero.

Obviamente, se trata de un procedimiento puramente matemático, con poco sentido físico; sin embargo, conducía a resultados correctos, compatibles con los datos de las simulaciones.

Quedaban dos tareas pendientes: demostrar que matemáticamente tenía sentido realizar una operación de este tipo, y comprender qué significaba desde una perspectiva física el hecho de que el parámetro de orden se describiera mediante una función y no mediante una sola variable.

La interpretación física

En el plazo de unos años, el lenguaje matemático del método de las réplicas se había traducido al lenguaje de la física estadística, que resultaba mucho más comprensible por más que su formulación fuera mucho más prolija.

Gracias a una serie de pistas, mis amigos Marc Mézard, Nicola Sourlas, Gérard Toulouse, Miguel Virasoro y yo logramos comprender el significado físico del resultado, que constituía una característica común de todos los sistemas desordenados: los sistemas desordenados se hallan simultáneamente en un elevadísimo número de estados de equilibrio distintos. Fue un descubrimiento totalmente inesperado.

Como se ve en la figura 8, el sistema puede hallarse en uno cualquiera de los estados representados a lo largo de la línea ondulada (a modo de ejemplo se dibujan cuatro cuadraditos rotulados como A, B, C y D, que representan cuatro de las ingentes posibilidades en las que puede hallarse el sistema). Los diversos estados del sistema poseen energías distintas, y hay muchos mínimos (hoyos) de energía donde el sistema alcanza su equilibrio. En el estado señalado como A el sistema también se halla en el

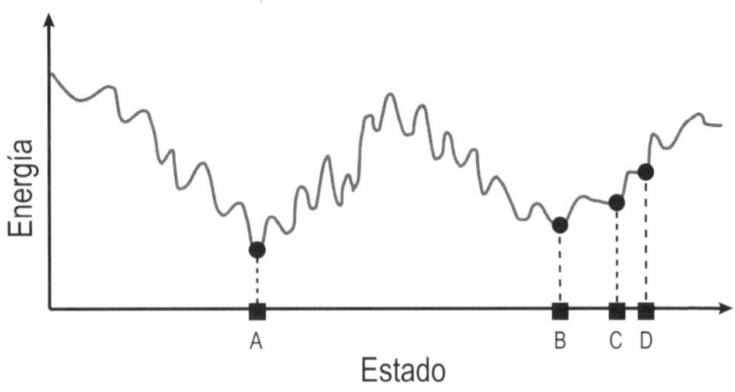

Figura 8. A bajas temperaturas, el sistema puede hallarse en uno cualquiera de los numerosos estados representados por la línea ondulada.

punto más bajo de la región, al igual que en el estado B; pero en los estados C y D el sistema se encuentra en un hoyo poco profundo, es decir, en una situación de equilibrio de la que ciertamente no saldrá a menos que se eleve la temperatura del sistema, pero que no representa un mínimo en esa región.

En la figura también son visibles dos valles o depresiones más amplias (las regiones en torno a los puntos A y B), cada una de las cuales contiene muchos pequeños hoyos. Podemos denominarlas zona M y zona N (figura 9). Cuando, al enfriarse, el sistema termina en un estado de una determinada región (por ejemplo, cualquiera de los estados B, C o D en la región N), tenderá a permanecer en dicha región aunque la temperatura aumente, siempre y cuando el aumento no sea demasiado grande. El sistema evolucionará entonces dentro de esa región, es decir, dentro de un conjunto de configuraciones seleccionadas por la historia del sistema —o sea, de la región— de entre las ingentes posibilidades en las que este ha resultado encontrarse al bajar la temperatura.

Normalmente un sistema físico solo se halla en un único estado. Por ejemplo, el agua a una determinada temperatura y presión es líquida, o sólida, o gaseosa. Hay casos especiales en los que el sistema puede estar simultáneamente en dos estados, que solemos denominar fases. A 100 °C, el agua puede estar en fase líquida y gaseosa al mismo tiempo. También existe un único valor de presión y temperatura en el que el agua se halla a la vez en las tres fases: sólida, líquida y gaseosa. Se trata del famoso «punto triple» del agua, y su fama no es casual dado que, como

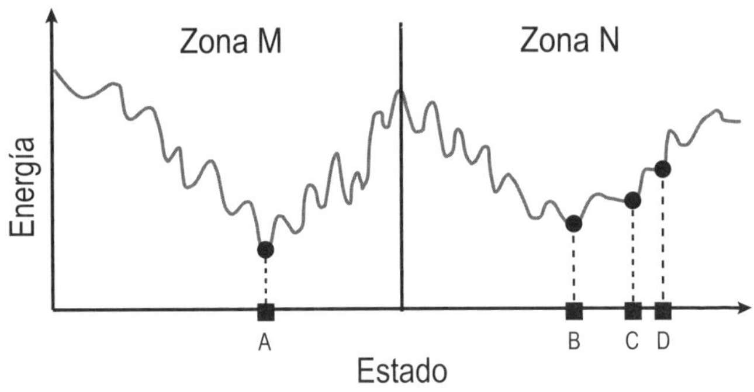

Figura 9. Dos zonas amplias y profundas en las que puede evolucionar el sistema.

hemos dicho, por regla general un sistema se encuentra solo en una única fase. En cambio, un sistema desordenado a baja temperatura se halla a la vez en un ingente número de fases. De ahí la lógica de que en este caso el parámetro de orden resulte ser una función, es decir, un conjunto de valores infinitos.

Comprender este hecho representó un auténtico avance para la física. La construcción de un modelo sintético y su solución nos permitió descubrir un fenómeno cuya existencia desconocíamos, abriendo la puerta de par en par al mundo de los sistemas desordenados.

A partir de la interpretación física se pudo llegar a la matemática. La demostración matemática requirió más de veinte años de trabajo, en los que la labor de Francesco Guerra y sus colaboradores fue decisiva para dar con la clave del asunto. Los argumentos empleados en la demostración resultan de lo más ingeniosos en su simplicidad, pero bien es cierto que *a posteriori* todo parece sencillo.

Del modelo a la realidad

La solución hallada para los vidrios de espín constituye un buen punto de partida para el estudio de los vidrios reales, los que tenemos en las ventanas, cuyo comportamiento aún no se comprende del todo desde una perspectiva física. Llegar a elaborar una descripción que nos permita entender todos los aspectos de las transiciones del vidrio es un objetivo en el que he estado trabajando de forma intermitente desde mediados de la década de 1990.

Al igual que los vidrios de espín, también el vidrio real es un sistema desordenado; su desorden obedece al hecho de que el vidrio no está formado solo por silicio, sino también por numerosas impurezas, numerosas moléculas de diferentes tipos, de distintos tamaños, mezcladas entre sí. Por lo tanto, el vidrio no puede cristalizar, puesto que para cristalizar se requieren estructuras regulares. El desorden de las aleaciones metálicas conocidas como vidrios de espín se debe, como hemos visto, al carácter aleatorio de la disposición de los átomos de hierro entre los del oro: cuando el metal se halla en estado líquido, los átomos de hierro pueden moverse aleatoriamente en el oro, pero cuando la aleación se enfría la movilidad de los átomos de hierro desciende, hasta que finalmente quedan atrapados en posiciones aleatorias.

Ahora que estamos intentando comprender de forma concreta procesos reales, todo esto parece terriblemente complicado; pero una vez hecho el trabajo sin duda nos resultará sencillo. Cuando se estudia una teoría física o un teorema matemático en los libros, todo parece siempre muy claro, y la complejidad del trabajo requerido para lograr ese resultado se desvanece por completo.

Otro problema interesante que debe abordarse es el paso del modelo esquemático, como el de los vidrios de espín antes ilustrado, a un modelo más realista en el que las fuerzas que interactúan entre los espines se describan con mayor detalle, por ejemplo, teniendo en cuenta la distancia que los separa.

La transición de fase se produce mediante el intercambio de interacciones entre objetos que tienen una distribución espacial precisa, un aspecto que en el modelo simplificado antes comentado no se considera.

Pero además de carecer de estructura espacial, el modelo simplificado tampoco considera la evolución temporal.

Las técnicas de la mecánica estadística resultan «fáciles» de utilizar cuando el sistema que se pretende estudiar está en equilibrio, es decir, cuando permanece estable en el tiempo. En un sistema desordenado como el vidrio o la cera, el tiempo necesario para alcanzar la condición de equilibrio suele ser enorme: pueden pasar años, o siglos. Esto ocurre incluso con los vidrios de nuestras ventanas, en los que se utilizan ciertas técnicas industriales para hacerlos más rígidos.

Si un proceso físico no está en una condición de equilibrio, existe un sentido del tiempo en tanto que siempre se puede distinguir un antes y un después, cosa que no ocurre en los sistemas en equilibrio.

Simplificando, si una pelota se encuentra en una situación de equilibrio estable, esto es, inmóvil en el punto más bajo de una depresión del terreno, y le hacemos una serie de fotos, seremos incapaces de ordenarlas cronológicamente en función del momento en el que se hicieron, dado que la situación no muestra ningún signo de cambio. Sin embargo, las cosas son distintas si tomamos imágenes de una pelota rodando cuesta abajo: en una situación de no equilibrio, la secuencia temporal resulta evidente.

Nos enfrentamos, pues, al problema de ampliar la teoría en el tiempo, dada la situación de no equilibrio, y de ampliarla asimismo en el espacio en tanto los procesos ocurren en el espacio y las interacciones se dan solo entre partículas vecinas. En suma, para llegar a comprender plenamente las transiciones vítreas aún queda mucho trabajo por hacer.

Ampliar la perspectiva

Así pues, partí de la idea de dominar una técnica matemática que me hacía falta para resolver un problema de partículas (y para dicho problema la técnica de las réplicas en su versión original funciona de maravilla), pero me encontré con una herramienta matemática y conceptual tremendamente potente y útil para resolver una amplia gama de problemas aparentemente inconexos: los problemas relativos a los sistemas desordenados.

El mundo real es desordenado, y, como decíamos al principio, muchas situaciones del mundo real pueden describirse por las interacciones de un gran número de agentes elementales.

Es posible esquematizar dichas interacciones mediante reglas sencillas, pero los resultados de la acción colectiva pueden ser de lo más inesperados.

Las entidades elementales en cuestión son espines, átomos o moléculas, neuronas o células en general, pero también sitios web, agentes de bolsa, acciones y obligaciones, personas, animales, componentes de ecosistemas, etcétera.

No todas las interacciones entre entidades elementales generan sistemas desordenados. El desorden surge del hecho de que algunas de dichas entidades se comportan de manera distinta de las demás: algunos espines intentan alinearse al revés, algunos átomos difieren de la mayoría de los otros, algunos operadores financieros venden acciones que otros compran, a algunos de los invitados a una cena les caen mal otros invitados y quieren sentarse lejos de ellos...

En todos esos casos desordenados, la herramienta matemática y conceptual que encontré resulta ser indispensable para abordar los problemas que les afectan.

Recientemente, por ejemplo, hemos conseguido importantes resultados en el intento de resolver el problema de cómo meter en una caja el mayor número posible de esferas sólidas de diferentes tamaños. Este problema reviste un gran interés, dado que se utilizan justamente esferas sólidas de distintos tamaños para construir modelos de líquidos, cristales, sistemas coloidales, sistemas granulares y polvos. Asimismo, el «empaquetado» de esferas sólidas está relacionado también con importantes problemas de teoría de la información y de optimización.

A HOMBROS DE GIGANTES

Debemos a Galileo Galilei la que constituye una potentísima herramienta para investigar la naturaleza: la simplificación de los fenómenos. Galileo elaboró una teoría en la que se prescindía por completo del rozamiento o fricción. Hay que tener en cuenta que en un mundo sin fricción no podríamos ni caminar (resbalaríamos) ni comer (la comida se caería de los cubiertos). Así pues, el mundo galileano que daría origen a la física moderna es completamente distinto del mundo real; luego, con el paso de los siglos, se le irían añadiendo otros elementos hasta llegar a convertirlo en nuestros días en una aproximación bastante satisfactoria del mundo real. Esta visión queda muy bien reflejada en un delicioso pasaje sobre el movimiento de los cuerpos incluido en una carta de Evangelista Torricelli:

> Que los principios de la doctrina *de motu* sean verdaderos o falsos me importa muy poco. Pues, si no son verdaderos, apaséntese que lo son conforme hemos supuesto, y luego tómense todas las demás especulaciones derivadas de esos principios, no como algo de naturaleza mixta, sino geométrica. Yo aparento o supongo que algún cuerpo o punto se mueve hacia abajo y hacia arriba con la proporción conocida y horizontalmente con movimiento ecuable (traducido en lenguaje moderno: «se mueve en ausencia de fricción atmosférica»). Cuando esto sea así, digo que se cumplirá todo lo que hemos dicho Galileo y yo mismo. Si luego las bolas de plomo, de hierro o de piedra, no obser-

van esa supuesta proporción, allá se las compongan: nosotros diremos que no hablamos de ellas.

Sin embargo, para Torricelli, que también era un consumado físico experimental, era obvio que la comprensión del movimiento de los cuerpos en ausencia de fricción precedía a la comprensión de los fenómenos con fricción y, por ende, constituía un paso obligado.

La humanidad ha desarrollado la física de los últimos siglos partiendo de la capacidad de reducir los fenómenos físicos a lo esencial. Y luego la física se ha hecho tan rica y potente que ha podido reintroducir en sus modelos la complejidad y el desorden, lo mismo que Galileo se había visto obligado a excluir.

INTERCAMBIOS DE METÁFORAS ENTRE LA FÍSICA Y LA BIOLOGÍA

> Una sola neurona no constituye una memoria; muchas neuronas juntas sí. Es lo mismo que con los ladrillos: una cosa es la ciencia del ladrillo individual, y otra la arquitectura.

La ciencia se basa en pruebas experimentales, demostraciones analíticas y teoremas. Sin embargo, la base de la construcción científica la forma una gran constelación de razonamientos intuitivos. También en las ciencias, como en las artes y en tantas otras actividades humanas, primero viene la intuición y luego se obtienen las certezas. Podemos citar dos ejemplos emblemáticos en ese sentido.

Cuando Enrico Fermi y sus colaboradores descubrieron que los neutrones ralentizados resultaban ser extremadamente más eficaces a la hora de inducir la transmutación radiactiva de muchos elementos, la clave del descubrimiento fue, al inicio del experimento, la sustitución de un ladrillo de plomo que servía para apantallar los neutrones por uno de parafina. Fermi actuó por impulso, sin pensar, y como consecuencia de ese cambio se observó un impresionante aumento de la señal en los contadores de radiactividad (aumentó más de cien veces). Sus colegas Amaldi, Pontecorvo, Rasetti y Segrè se quedaron perplejos. Fermi no tardó en explicar que la parafina había ralentizado los neutrones, y que, sin duda, los neutrones lentos debían de ser mucho más eficaces que los rápidos. Y cuando Amaldi le preguntó: «¿Cómo se te ocurrió poner parafina en lugar de plomo?», él respondió: «Gracias a mi formidable intuición».

Un colega de la Academia Linceana, Claudio Procesi, afirma que la diferencia entre un buen matemático y uno malo es que el buen matemático comprende de inmediato qué afirmaciones matemáticas son verdaderas y cuáles son falsas, mientras que un mal matemático necesita intentar demostrarlas para saber cuáles son unas y otras.

En estos dos casos la intuición reviste una gran importancia. Las herramientas utilizadas van mucho más allá de la lógica formal, y resulta tremendamente interesante investigar los razonamientos intuitivos que subyacen al progreso científico, como, por ejemplo, las metáforas, que desempeñan un papel decisivo en la transferencia de imágenes y de ideas entre distintas disciplinas en un mismo periodo histórico.

Si examinamos detenidamente un periodo histórico concreto, podemos percibir la existencia de un espíritu propio de la época: a menudo encontramos correspondencias y semejanzas no solo entre diferentes disciplinas científicas, como la biología, la física, etc., sino incluso entre la música, la literatura, el arte y la ciencia. Baste pensar en la crisis de cierto tipo de racionalismo producida a comienzos del siglo XX y en los cambios simultáneos que se produjeron en pintura, literatura, música, física, psicología... Pese a hallarse muy alejadas unas de otras, todas estas disciplinas se intercomunican, y es razonable pensar que las metáforas desempeñan un papel importante en la formación del sentir común.

Desafortunadamente, en el ámbito de las ciencias en general, y de manera cada vez más acentuada en las llamadas ciencias «duras», a menudo no queda rastro alguno de los pasos intermedios necesarios para obtener un resultado, y ya no podemos saber qué inspiró a un científico para llegar a una determinada idea porque en la redacción de los libros y artículos científicos —sobre todo en matemáticas, pero también en física y otras disciplinas— no queda constancia escrita de las consideraciones extracientíficas. El texto queda completamente depurado, redactado en un lenguaje formal en el que rara vez hay alusiones a temas no técnicos. A veces quedan rastros de argumentos precientíficos en ciertos textos de carácter más general (como, por ejemplo, los de Poincaré) que incluyen razonamientos metacientíficos; pero en casi todos los textos escritos por científicos esos temas son tabú.

La probabilidad

Buscando un ejemplo concreto de una posible transferencia de ideas entre distintas disciplinas, empecé a reflexionar sobre el uso de la probabilidad en las ciencias.

Uno de los primeros ámbitos de uso de la probabilidad, aparte de los juegos de dados y cartas, es la estadística —es decir, la ciencia de los estados, como el propio término indica—, y en el siglo XIX muchos economistas y sociólogos, como Adolphe Quetelet, hicieron importantísimas aportaciones a la estadística y el cálculo de probabilidades. Asimismo, en la segunda mitad del siglo, y de forma aparentemente independiente, Maxwell y Boltzmann introdujeron la probabilidad y la estadística en la física a nivel microscópico con el fin de comprender el comportamiento colectivo (como pretendían también los economistas). En esos mismos años se formuló el mecanismo de la selección darwiniana: los rasgos genéticos mutan de forma aleatoria y posteriormente se seleccionan los rasgos mutados. Para Darwin, la clave de la teoría de la evolución es el concepto de selección entre diferentes posibilidades.

Con el redescubrimiento de Mendel a comienzos del siglo XX, el sustrato físico sobre el que opera la evolución pasó a identificarse con los genes, y la teoría darwiniana se convirtió en el paradigma dominante en biología. Resulta de lo más llamativo observar que, si consideramos una disciplina extremadamente alejada de la biología como es la mecánica cuántica, la interpretación de la escuela de Copenhague (de finales de la década de 1920) exhibe numerosas similitudes con la selección darwiniana; así, un sistema cuántico puede hallarse en varios estados distintos, y el experimento (o la observación) selecciona una de las diversas posibilidades de forma aleatoria.

Tanto en la teoría darwiniana como en la mecánica

cuántica, la evolución (biológica o física) pasa por la propuesta de nuevas posibilidades y la posterior selección. Obviamente, los detalles son fundamentalmente distintos: en la evolución natural, las nuevas posibilidades surgen de forma aleatoria y la elección es determinista («supervivencia de los más aptos»), mientras que en la mecánica cuántica el estado evoluciona de modo determinista y la medición elige de forma aleatoria entre las distintas posibilidades de resultado del experimento. Pero más allá de las diferencias, existen grandes similitudes entre ambas formas de proceder: es posible que Niels Bohr, Max Born y los demás exponentes de la escuela de Copenhague tuvieran presente la teoría darwiniana de la evolución y se vieran de algún modo influenciados por ella. Lamentablemente, en sus obras técnicas más conocidas traducidas al inglés no hay ningún indicio de que hubiera podido suceder tal cosa. Como no soy historiador, no puedo asegurar que no lo mencionen en algún escrito poco conocido, pero también es posible que los propios autores no fueran conscientes de la influencia de Darwin y nunca escribieran nada al respecto.

Los riesgos de las metáforas

Es necesario hacer una distinción muy clara entre el uso de la metáfora como herramienta heurística y el empleo de la metáfora, la asonancia y otras figuras retóricas como base del razonamiento hasta el extremo de sustituir la lógica por la retórica. Esta segunda forma de proceder me parece perniciosa, porque con ello se trasladan a un lenguaje distinto conceptos que de hecho no pueden traducirse a dicho lenguaje, distorsionándolos sin darse cuenta, por lo que no es de extrañar que a menudo se llegue a conclusiones del todo arbitrarias. A veces, actuando así se engendran auténticos monstruos, como, por ejemplo, la sociobiología, donde se trasladan argumentos y metáforas biológicas sin ningún control al ámbito social, donde en realidad no son aplicables, puesto que en ese ámbito las hipótesis subyacentes son absolutamente incorrectas. Ocurre entonces que se llega a conclusiones peligrosas, que se utilizan políticamente para formular teorías aberrantes como el darwinismo social.

Este uso despreocupado de la metáfora a veces es habitual en algunas disciplinas humanísticas, con resultados igualmente negativos, aunque menos peligrosos. Me resulta difícil no mencionar la famosa burla de Sokal a este respecto. Para poner en la picota determinados procedimientos seudofilosóficos y seudocientíficos, el físico estadounidense Alan D. Sokal escribió un artículo utilizando el estilo metafórico de intelectuales como Lacan, Derrida y muchos otros. El artículo (que llevaba por título «Transgrediendo los límites: hacia una hermenéutica transformadora de la gravedad cuántica») partía de una serie de metáforas físicas, sociológicas y psicológicas tan disparatadas que, si Sokal las hubiera formulado en serio, todos sus colegas le habrían tomado por loco. Sabiendo de sobra que lo que escribía no tenía sentido, Sokal estableció una serie de comparaciones descabelladas, con un potente aparato crítico, teniendo buen cuidado de hacerlo en un estilo refinado y académico. Incomprensiblemente, el artículo fue aceptado por el consejo de redacción y publicado en una de las revistas más prestigiosas de la disciplina (*Social Text*). El escándalo estalló cuando Sokal declaró públicamente que había escrito un despropósito. El bochorno fue enorme, hasta el punto de que algunos incluso trataron de justificarse afirmando que el texto de Sokal probablemente tenía sentido cabal independientemente de las intenciones del autor. El artículo, que puede encontrarse en la red, resulta muy divertido, y quienes son capaces de entender la parte física de las metáforas no pueden por menos que admirar la imaginación casi inagotable del autor.

Pese a los abusos señalados por Sokal, las metáforas siguen desempeñando un papel muy importante en la comunicación científica cuando se quiere explicar un descubrimiento a los profanos. Sin embargo, a menudo, esas metáforas resurgen en el lenguaje cotidiano de formas tan imprecisas que resultan difíciles de tolerar. Es lógico que las metáforas no siempre sean fieles a su significado original; es lo que suele ocurrir cuando en una lengua se utilizan palabras de otra con un significado distinto. Pero este fenómeno, aunque comprensible, inquieta en gran medida a los científicos.

En mi caso, me resultan especialmente molestas ciertas expresiones como «Está escrito en el ADN de la izquierda». Cada vez que escucho algo así, no puedo evitar pensar que el ADN es la base de la transmisión de los rasgos genéticos, una transmisión darwiniana, mientras que la cultura se transmite de forma completamente distinta, a través de rasgos adquiridos, es decir, transformaciones que pasan de padres a hijos a la manera lamarckiana. Pensar que la cultura puede transmitirse en el ADN choca con los principios básicos de la teoría de la evolución.

A los matemáticos, en cambio, les irrita el uso irreflexivo de la palabra «teorema»; en el periodismo político (al menos en Italia), «teorema» se ha convertido en sinónimo de razonamiento arbitrario, a menudo realizado por un juez. Para un periodista, un teorema es una tesis formalmente correcta, pero construida a partir de hipótesis erróneas; un razonamiento abstruso o capcioso. Es cierto que no podemos echar toda la culpa a los periodistas. A veces algunos científicos parten de hipótesis inadecuadas (por ejemplo, «supongamos que un caballo tiene forma esférica»), y mediante razonamientos matemáticos llegan a conclusiones dudosas que presentan como teoremas. Ahora bien, el método matemático es un método formalmente correcto, y un teorema afirma, correctamente, que de ciertas hipótesis se siguen determinadas consecuencias; no es de extrañar, pues, que partiendo de hipótesis falsas se llegue a conclusiones igualmente falsas. El problema es que a menudo las hipótesis son falsas pero están bien escondidas y no resultan fáciles de identificar, y los resultados, también falsos, se presentan como verdaderos en tanto consecuencia de un teorema. Este tipo de falacias son muy comunes; sirvan como ejemplo los argumentos de finales del siglo XIX en los que se demostraba que un avión no podía volar, o que la teoría darwiniana de la evolución estaba equivocada porque la edad de la Tierra era como mucho de veinte millones de años. Algunos ejemplos de razonamientos falaces se han hecho célebres, y es precisamente a ese tipo de «teoremas» a los que hace referencia la metáfora.

FORMAS DE PENSAR

En física, en cambio, las metáforas suelen utilizarse en situaciones de crisis, en acaloradas discusiones metacientíficas, cuando no está claro qué leyes físicas son las que rigen. Veamos algunos ejemplos.

A Einstein no le satisfacía en absoluto la mecánica cuántica, a pesar de que había contribuido más que nadie a su nacimiento; para él, «la mecánica cuántica no era el auténtico Jacob». Einstein cuestionaba la interpretación de Copenhague, en la que la probabilidad desempeñaba un papel esencial: la teoría física debía ser determinista. De ahí nació su famosa frase: «Dios no juega a los dados»; a la que se dice que Bohr respondió: «¡Einstein, deja de decirle a Dios lo que debe o no debe hacer!».

A finales de la década de 1950 se descubrió que las interacciones débiles (las fuerzas responsables de las desintegraciones radiactivas) no conservan la paridad; en otras palabras: observando una filmación de un experimento sobre interacciones débiles, podemos saber si la filmación se halla en la posición correcta o se ha invertido la derecha y la izquierda. Este resultado era completamente inesperado, puesto que las demás fuerzas de la naturaleza no distinguen entre derecha e izquierda. El enorme desconcierto que produjo este hecho quedó muy bien resumido en una frase de Pauli: «No me sorprende tanto que Dios sea zurdo, sino más bien que Dios sea solo un poco zurdo».

A veces es difícil saber si ciertos argumentos son metáforas o analogías o incluso pretenden tener un significado ontológico. En los siglos XVII y XVIII la física estaba dominada por el mecanicismo: toda ley física debía explicarse en términos de máquinas, a veces invisibles o microscópicas. Dichas máquinas actuaban mediante interacciones basadas en el contacto entre sus piezas. En este marco conceptual, la idea de que pudiera haber fuerzas que actuaran a distancia resultaba absolutamente indigerible. El propio Newton, al postular la ley de la gravitación universal (que presupone una interacción a distancia entre cuerpos que se atraen por la gravedad aunque no se toquen, y que incluso pueden estar tan alejados como los planetas que orbitan alrededor del Sol), salió del paso afirmando: *Hypotheses non fingo* («No planteo ninguna hipótesis»), suponiendo implícitamente que otros se dedicarían a averiguar más tarde cuál era el modelo mecánico subyacente.

El concepto de gravedad como una fuerza que actúa a distancia siguió levantando polvareda durante más de un siglo, hasta el punto de que muchos intentaron postular una explicación mecanicista. En una de aquellas tentativas (quizá la más ingeniosa), se partía del supuesto de que el espacio está lleno de una radiación omnipresente y los objetos se ven impulsados por ella. Normalmente la radiación proviene de todas partes, y las fuerzas así inducidas se contrarrestan; pero cuando hay dos objetos vecinos, uno ensombrece al otro, la radiación los empuja a acercarse, y ese sería el origen de la fuerza de gravedad. El concepto básico sobrevivió hasta principios del siglo XX: el vacío se convirtió en un medio mecánico (el éter), y sus oscilaciones se interpretaron como la causa de los campos eléctricos y magnéticos.

Metáforas, modelos y analogías

También en biología encontramos metáforas persistentes que han desempeñado una función importante. Por ejemplo, en el siglo XVII el organismo se concebía como una máquina con componentes muy pequeños, tan pequeños que no podían verse. En la segunda mitad del siglo pasado, tras el descubrimiento del papel esencial de la información codificada en el ADN, se introdujo la metáfora del ordenador, donde el *hardware* es el aparato proteico y el *software* se halla en el ADN. La metáfora (*software*/ADN y *hardware*/proteínas) tuvo un éxito enorme en tanto poseía un gran poder explicativo y resumía muy bien el estado de los conocimientos del momento. Más tarde se comprendió que la interacción entre las proteínas y el ADN resultaba mucho más compleja (el propio ADN se automodificaba), y los descubrimientos posteriores harían que la metáfora quedara gradualmente obsoleta, aunque todavía se utiliza con frecuencia.

En la actualidad, en biología debemos afrontar nuevas metáforas. Algunas —por ejemplo— se basan en la complejidad, en la idea de que en presencia de un gran número de agentes que interactúan (moléculas, genes, células, animales, especies, según el nivel de análisis) surgen fenómenos nuevos como efecto de la interacción colectiva. Se tiende, pues, a hacer hincapié en dichos fenómenos, y se utilizan ideas y metáforas tomadas de la física para explicar su comportamiento. Entre los numerosos conceptos importados en ese sentido destacan las redes (como las redes metabólicas) o la geometría fractal (que se utiliza, por ejemplo, para estudiar la forma de los pulmones, las ramas de los árboles o la estructura de las coliflores).

La física se caracteriza por recurrir con frecuencia al uso de modelos, y los modelos constituyen un tipo de metáfora. Personalmente me llamó la atención el debate que se produjo entre Giovanni Jona-Lasinio y Tommaso Castellani en torno a la resistencia de los físicos a las metáforas y su tendencia a desmontarlas. En síntesis, Jona afirmaba que la comparación entre la ondulación de las espigas en los campos de trigo y las olas del mar no es una metáfora, dado que las ecuaciones que describen las olas del mar son similares a las que describen el movimiento de las espigas; en última instancia ambos constituyen un mismo fenómeno, y no puede decirse que uno sea una metáfora del otro. Por el contrario, Castellani señalaba que para la inmensa mayoría de la gente la ondulación de las espigas y las olas del mar parecen dos fenómenos intrínsecamente distintos.

¿A qué se debe la tendencia de los físicos a desmontar las metáforas? Para responder a esta pregunta conviene reflexionar acerca de qué es la física como ciencia y cómo se relaciona con las matemáticas y las demás ciencias naturales. Se puede considerar al físico un matemático aplicado. Parte de un problema concreto y lo traslada al lenguaje propio de la física, que desde Galileo son las matemáticas. A veces el físico utiliza las matemáticas de forma un tanto heterodoxa; sin embargo, como ha dicho Jona, también se concede a los poetas la licencia de no seguir de forma ortodoxa todas las reglas de la gramática.

Pero ¿qué son exactamente las matemáticas? Son una ciencia que opera con símbolos despojados de todo significado concreto; en palabras de Bertrand Russell, «las matemáticas son esa ciencia que no sabe de qué está hablando». La razón es sencilla: si decimos que 2 + 3 = 5, podemos hablar de 2 llamadas telefónicas + 3 llamadas telefónicas que suman 5 llamadas telefónicas, o de 2 vacas + 3 vacas que suman 5 vacas; es decir, no tenemos ni idea de cuáles son los 5 «objetos» en cuestión. Esto ya es así incluso en un nivel de abstracción extremadamente bajo, y se va haciendo cada vez más relevante a medida que avanzamos hacia conceptos más abstractos. Los objetos matemáticos están desprovistos de toda apariencia perceptible, y, por lo tanto, las proposiciones matemáticas, al igual que las proposiciones lógicas, tienen validez universal.

Un físico, en cambio, traduce los fenómenos concretos a un lenguaje matemático en el que se pierden muchas de sus características corpóreas y solo quedan las que resultan esenciales para estudiar el fenómeno. Las oscilaciones de las espigas y las olas del mar se describen mediante ecuaciones muy similares, y una vez representadas por la misma ecuación dejan de ser metáfora unas de otras para convertirse en diferentes encarnaciones físicas de la misma representación matemática. En realidad, las ecuaciones relativas a las espigas y a las olas del mar no son exactamente iguales, aunque pertenecen a una misma familia puesto que ambas permiten la propagación de ondas. En el caso de las espigas, la velocidad de propagación de las ondas es independiente de la longitud de onda —la distancia entre dos ondas sucesivas—, mientras que en el caso de las olas del mar la velocidad es directamente proporcional a la raíz cuadrada de la longitud de onda; de ahí que las olas de los tsunamis, que tienen una longitud extremadamente elevada, se desplacen a una velocidad enorme.

Enriquecimiento mutuo

Para los físicos —como ha señalado Jona—, fue muy importante descubrir que puede haber sistemas completamente distintos que tienen una misma descripción matemática. Sin embargo, a veces ocurre que las ecuaciones son iguales, pero, en cambio, no lo son las expresiones matemáticas correspondientes a las cantidades observables. En este caso —que de hecho es el más interesante—, el comportamiento observado de los dos sistemas puede ser muy diferente; incluso pueden pertenecer a campos de la física completamente distintos (por ejemplo, la física del estado sólido y la física de partículas), y el hecho de que confluyan en una misma representación matemática puede resultar una sorpresa inesperada.

A partir del momento en que se advierte que dos ámbitos muy distintos de la física pueden asociarse a la misma estructura matemática suele producirse un rápido avance del conocimiento, en la medida en que se produce un enriquecimiento mutuo mediante el intercambio de ideas entre los dos ámbitos. Cuando los dos sistemas se han estudiado en profundidad, los innumerables resultados y técnicas obtenidos en uno de ellos pueden aplicarse al otro (una vez realizada la apropiada traducción). En general, cuando un mismo sistema matemático formal se plasma en dos realidades físicas completamente distintas, se puede utilizar la intuición física en ambos sistemas para obtener una valiosa información complementaria.

En un artículo publicado en 1961 en colaboración con Yoichiro Nambu, Jona describía una analogía entre el vacío cuántico y la superconductividad. Hoy el uso del término «analogía» ha quedado obsoleto. Entre mediados de la década de 1960 y el decenio de 1970 se descubrió que el cálculo de las propiedades estadísticas de un material y la estructura del vacío cuántico constituyen dos aspectos diversos del mismo problema matemático. La información extraída de diversos experimentos realizados con metales (por ejemplo, sabemos que ciertos materiales son superconductores) nos ilustra acerca del posible comportamiento del vacío cuántico. A partir de la década de 1980 la palabra «analogía» desaparecería, y en su lugar se preferiría optar por expresiones como «Conjeturamos que el vacío cuántico es superconductor».

La relación entre la mecánica estadística de los materiales y la física cuántica de las partículas elementales ha revestido una gran importancia. Probablemente el ejemplo más llamativo de esta relación sea el trabajo iniciado por Gianni Jona y Carlo Di Castro, que fueron los primeros en aplicar el grupo de renormalización al estudio de las transiciones de fase. De hecho, como hemos visto, el grupo de renormalización, que se había desarrollado en el ámbito de la teoría cuántica y relativista de campos, junto con todas las técnicas perfeccionadas en dicho contexto, se aplicaron a la mecánica estadística de los fenómenos críticos, con extraordinarios resultados (testimoniados por la concesión del Premio Nobel a Ken Wilson). Las técnicas basadas en el grupo de renormalización resultaron cruciales para la comprensión de los fenómenos críticos, y posteriormente se recondujeron de nuevo a la física de las partículas elementales. En ese trayecto de ida y vuelta se enriquecieron con nuevas ideas y una nueva interpretación física de los fenómenos; y solo a partir de entonces el grupo de renormalización empezaría a desempeñar un papel clave en la física de las partículas elementales.

En tales casos no me parece apropiado hablar de metáforas. Este enriquecimiento mutuo mediante la transmisión o intercambio de ideas (lo que en inglés se conoce como *cross-fertilization*) es muy diferente de las figuras retóricas tradicionales, ya que aquí una misma abstracción matemática puede proyectarse sobre distintos sistemas físicos, y cada una de esas perspectivas nos ilustra sobre diversos aspectos. Consideremos, por ejemplo, los sistemas complejos, es decir, los sistemas integrados por múltiples agentes. A veces puede aplicarse un mismo modelo matemático al estudio del comportamiento de los sistemas magnéticos exóticos a bajas temperaturas (vidrios de espín), al funcionamiento del cerebro, al comportamiento de grandes grupos de animales y a la economía. En un caso como este, utilizar las conclusiones extraídas en un ámbito para hacer predicciones en otro no es precisamente recurrir a una metáfora, puesto que se trata de sistemas que tienen una formulación matemática similar. Lo que aquí se da es más bien un intento de trasladar conceptos de una disciplina a otra; una tentativa justificada por la adscripción común a unas mismas estructuras matemáticas.

En conclusión, pues, empecé buscando metáforas, pero luego prevaleció en mí la tendencia de los físicos a desmontarlas. Espero al menos haber explicado con claridad el origen de este hábito. Sé que con ello me he desviado del tema; sin embargo, a veces, uno sabe de dónde parte, pero no dónde terminará.

CÓMO NACEN LAS IDEAS

> En investigación, las preguntas que van surgiendo son más numerosas que las respuestas que obtenemos.

¿De dónde vienen las ideas? ¿Cómo se forman en la mente de un físico teórico como yo? ¿Qué tipos de procedimientos lógicos utilizamos? No pretendo hablar exclusivamente de las grandes ideas, las que transforman la historia de la humanidad, la historia del pensamiento; al contrario, quiero hablar aquí de la que se ha dado en llamar «microcreatividad», es decir, de las pequeñas ideas cotidianas que en el ámbito científico resultan cruciales para progresar. Para mí, una idea es un pensamiento inesperado, sorprendente, en absoluto insustancial.

Me gustaría empezar con Henri Poincaré y Jacques Hadamard. Los dos matemáticos, que vivieron a caballo entre los siglos XIX y XX, describieron en repetidas ocasiones la forma en que surgieron sus ideas matemáticas desde una perspectiva similar. Ambos afirmaban que en la demostración de un teorema matemático se pueden identificar varias etapas:

- Hay una etapa inicial de preparación en la que se estudia el problema, se lee la bibliografía científica y se realizan los primeros e infructuosos intentos de solución. Tras un periodo que puede oscilar entre una semana y un mes, esta fase se agota al no lograrse progreso alguno.
- Luego viene un periodo de incubación en el que se aparca el problema (al menos conscientemente).
- La incubación termina de repente con un momento de «iluminación»; esta suele producirse en una situación que no está relacionada con el problema que se quiere resolver, como, por ejemplo, hablando con un amigo, incluso sobre temas que no tienen nada que ver.
- Finalmente, tras la iluminación que indica las líneas generales con las que abordar el problema, hay que llevar a cabo la demostración. Esta fase puede prolongarse mucho: hay que comprobar si la iluminación era correcta, si el camino es realmente viable, y realizar todos los pasos matemáticos necesarios para explicitar la prueba.

Obviamente, hay casos en los que la iluminación resulta ser errónea puesto que presupone la validez de pasos que no se pueden probar. Y entonces hay que volver a empezar desde el principio.

Esta descripción es muy interesante, y sugiere que el

pensamiento inconsciente puede tener un papel destacado. Incluso Einstein lo aceptaba; de hecho, en varias ocasiones destacó la importancia que tenía para él el razonamiento inconsciente. Sin duda alguna, es un procedimiento muy habitual aparcar un problema difícil, dejar que las ideas se asienten, afrontarlo con la mente despejada, y resolverlo. Reza el proverbio: «Antes de hacer nada, consúltalo con la almohada», y este mismo dicho existe en muchos otros idiomas: *La notte porta consiglio*; *Consiliis nox apta*; *Night is the mother of counsel*; *Die Nacht bringt Rat*; *Il est utile de consulter l'oreiller*; *La note xe la mare d'i pensieri*.

Pasando de los grandes problemas a otros más triviales, me gustaría contarle al lector una experiencia personal. Muy a menudo, para mi investigación en física teórica, tengo que escribir programas en el ordenador, una actividad que me resulta divertida y relajante. El ordenador es una máquina completamente desprovista de sentido común, por lo que hace exactamente lo que se le dice y se ciñe al significado literal de las palabras con una precisión exasperante. Si hablas con un ser humano y le dices que tome una carretera y que siga siempre recto, afortunadamente no se saldrá de la carretera en la primera curva; en cambio, ese comportamiento sería lógico para un ordenador, a menos que seas extremadamente preciso al expresar lo que quieres decir con «seguir recto».

Por mucho que te esfuerces, es muy frecuente que, la primera vez, lo que le pides que haga al ordenador resulte ser ligeramente distinto de lo que en realidad querías pedirle. Lo más habitual es que cualquier programa nuevo, escrito en uno cualquiera de los numerosos lenguajes de programación, de entrada no funcione: si hacemos algunas pruebas sencillas, dan resultados completamente distintos de los esperados (al menos esa es mi experiencia; obviamente, cuanto mejor sea un programador, más habitual será que acierte a la primera).

En innumerables ocasiones me he encontrado batallando toda una mañana para tratar de averiguar qué error había cometido: leía detenidamente el programa, repasaba todas las instrucciones una tras otra, me preguntaba si las comas estaban bien puestas, si faltaba algún punto y coma, si había un signo igual de más o de menos, sin llegar a dar con la solución. Entonces, cuando me dirigía a casa en el coche, a mitad de trayecto me venía a la cabeza de repente: «¡Ahí está el error!»; y luego, al llegar a casa, comprobaba que, en efecto, lo había encontrado.

Esto es algo muy común. En otra ocasión —por desgracia solo una vez en mi vida— viví un episodio de la misma naturaleza, pero más espectacular. Junto con otros colegas, habíamos abordado un problema muy difícil, intentando averiguar, sin éxito, cuál era la estrategia para resolverlo. Durante un largo periodo de tiempo (entre diez y quince años) se habían propuesto varios enfoques, y yo mismo había trabajado en el problema, pero finalmente había renunciado a encontrar la solución porque me parecía demasiado complejo. Entonces, cierto día, en un almuerzo durante un congreso, un amigo me dijo: «¿Sabes?, el problema en el que estuviste trabajando es muy interesante, porque su solución tendría diversas aplicaciones aparte de aquellas en las que antaño se pensaba». Yo le respondí: «Entonces habría que esforzarse en resolverlo. Tal vez se podría intentar...», y le expuse paso a paso la estrategia para resolver el problema, que resultó ser la correcta.

Pensamientos y palabras

Es fácil reconocer en estos episodios ejemplos del proceso de incubación. Estoy convencido de que cada uno de nosotros puede contar anécdotas similares. Pero si la incubación —ya sea de pequeñas o de grandes ideas— es un proceso no consciente, hay que preguntarse qué tipo de lógica sigue y cómo puede ocurrir. Con mucha frecuencia se da por sentado que el pensamiento es verbal y que el razonamiento inconsciente no es pensamiento propiamente dicho. Einstein no estaría de acuerdo en eso; de hecho, argumentaba que ser plenamente consciente es un caso límite que nunca se da: en el pensamiento siempre hay una parte inconsciente.

Aunque no soy un experto en la materia, permítaseme exponer algunas de mis reflexiones sobre el pensamiento consciente e inconsciente. Normalmente tenemos la impresión de que pensamos utilizando palabras, formulando frases. Esto es así no solo cuando hablamos con otras personas, sino también cuando reflexionamos en silencio. Si alguien nos pidiera que pensáramos en un problema sin emplear palabras, nos sentiríamos completamente impotentes, porque somos incapaces de resolver el problema en nuestra mente sin formalizar el razonamiento con palabras; pueden ser palabras de cualquier idioma, pero deben ser palabras.

La forma verbal, sin embargo, no agota el modo en que pensamos; de hecho, cuando empezamos a pensar o a pronunciar una frase hemos de saber ya adónde pretendemos llegar con ella. Hay reglas gramaticales que debemos seguir. Por ejemplo, no empezamos una frase con la palabra «no» y a continuación nos detenemos sin saber qué más decir, porque en el momento en que nos viene a la mente la palabra «no» ya sabemos qué verbo viene detrás y probablemente la frase entera. Pero, si es así, entonces la frase entera debe estar presente en nuestra mente en forma no verbal antes de ser expresada en palabras.

Formalizar los pensamientos mediante palabras es extremadamente importante; las palabras son potentes, se concatenan entre sí y se atraen unas a otras. Tienen la misma función que el algoritmo en matemáticas. Así como el algoritmo sustenta casi por sí solo el razonamiento matemático, las palabras tienen vida propia, evocan otras palabras, nos permiten hacer abstracciones y deducciones, utilizar la lógica formal. Quizá la formulación consciente en palabras de un pensamiento igualmente consciente también resulte útil para recordar lo que hemos pensado con anterioridad: si no formalizáramos nuestros pensamientos mediante palabras, podría sernos más difícil recordarlos. Sin embargo, el pensamiento verbal debe ir precedido de un pensamiento no verbal. Esta afirmación no resulta tan extraña si consideramos que el pensamiento es históricamente mucho más antiguo que el lenguaje:

se supone que el lenguaje humano tiene unas decenas de miles de años, pero se hace difícil creer que antes del lenguaje los humanos no pensaban (y también que los animales o los niños pequeños, que aún no hablan, no tienen alguna forma de pensamiento).

Por desgracia, es muy difícil dilucidar qué tipo de lógica sigue el pensamiento no verbal, entre otras cosas porque la lógica hace referencia al lenguaje y resulta casi imposible estudiar un pensamiento no verbal utilizando las herramientas de este último. Sin embargo, el pensamiento inconsciente es crucial para formular nuevas ideas; no solo recurrimos a él durante el largo periodo de incubación del que hablaban Poincaré y Hadamard, sino que también subyace al fenómeno más general de la intuición matemática. De hecho, a primera vista la intuición matemática presenta algunas características sorprendentes.

Habitualmente la demostración de un teorema consta de una serie de pasos sucesivos al final de los cuales se llega a la solución deducción tras deducción. Sin embargo, salvo en raras ocasiones, no es este el método mediante el que se demuestra el teorema por primera vez. Por lo general se empieza formulando el enunciado; en ese punto, sabiendo de dónde se parte y adónde se quiere llegar, se establecen los pasos intermedios, que luego se conectan entre sí con las demostraciones necesarias hasta llegar a la demostración completa. Es como cuando se construye un puente: primero se decide de dónde adónde hay que ir, luego se ponen los cimientos de los pilares intermedios, y finalmente se traza la calzada. No es sensato construir un puente empezando por la primera arcada y solo después de completar su construcción pasar a diseñar la segunda, con el riesgo de descubrir justo entonces que no es posible poner los cimientos del segundo pilar.

En cierto sentido, al igual que una frase debe estar presente en su totalidad antes de formalizarse en palabras, así también una demostración debe estar presente en la mente del matemático, al menos de forma esquemática, antes de pasar a la fase deductiva.

Esta forma de proceder explica por qué hay tantos teoremas válidos cuya primera demostración resultó ser errónea. Con frecuencia el matemático, tras haber formulado correctamente el teorema y haber identificado un posible camino a seguir, se equivoca en la demostración de un paso intermedio. Por poco acertada que fuera la intuición, o bien hay otra forma correcta de realizar ese paso difícil, o bien hay otro camino más o menos distinto para llegar al mismo resultado. Los matemáticos suelen hablar del «significado» de un teorema; un significado que se enuncia en un lenguaje informal, y que generalmente se basa en analogías, similitudes, metáforas e intuiciones. Pero no suele quedar rastro de ese significado en los textos matemáticos, que utilizan un lenguaje distinto: el significado explica de algún modo la intuición original, pero, dado que no se puede formalizar, se percibe como algo impreciso, algo de lo que se puede hablar entre amigos, pero que no puede incluirse en un texto que pretenda ser riguroso.

La intuición

Pero también existe la intuición física, que es distinta de la intuición matemática y ha ido evolucionando con el tiempo. Como señala el historiador de la ciencia Paolo Rossi, Galileo tuvo la genial intuición de pensar que el mundo celeste y el terrestre eran similares y que las mismas leyes podrían valer para ambos. Esa afirmación sería el punto de partida de muchos de sus descubrimientos, pero no era nada fácil de demostrar porque a menudo el razonamiento caía en un círculo vicioso, tal como señalaría el irreverente filósofo de la ciencia Paul Feyerabend: las manchas solares demostraban que el mundo celeste era corruptible solo si no eran un artefacto del telescopio; como no era posible comprobar que el telescopio no creaba falsas imágenes del mundo celeste, las observaciones de Galileo implicaban o bien que las manchas solares existían y, por ende, el mundo celeste era corruptible como el terrestre, o bien que el telescopio producía falsas imágenes e interactuaba de forma distinta con la luz procedente de los objetos terrestres y celestes. Es evidente que la segunda hipótesis resultaba muy difícil de sostener en tanto las manchas solares rotaban con velocidad constante (debido a la rotación del Sol). Sin embargo, en aquella época la hipótesis de la existencia de leyes únicas para todo el universo resultaba desconcertante, y muchos, que no aceptaron la intuición galileana, rechazaron también sus consecuencias posteriores hasta que esta quedó finalmente demostrada.

La intuición física también desempeñaría un papel

clave en épocas posteriores, y revestiría especial importancia en el nacimiento de la mecánica cuántica a principios del siglo XX. Entre 1901 y 1930 la mecánica cuántica, una de las mayores aventuras de la física, involucró a eminentes científicos como Planck, Einstein, Bohr, Heisenberg, Dirac, Pauli, Fermi... Fue un proceso aparentemente muy extraño, y en algunos aspectos contradictorio. Se habían observado diversos fenómenos (como, por ejemplo, la radiación del cuerpo negro) que los físicos de la época no podían explicar: no era una cuestión de incapacidad, puesto que solo la mecánica cuántica, aún no descubierta, era capaz de explicarlos.

¿Cuál habría sido, entonces, el procedimiento lógico? ¡Inventar la mecánica cuántica y presentar la explicación correcta! Pero la historia ha seguido un camino completamente distinto. Se hicieron varios intentos de explicar los fenómenos cuánticos con modelos clásicos explícitos asumiendo que algunos de los componentes menos conocidos de dichos modelos se comportaban de forma extraña (de hecho, incompatible con la mecánica clásica), y siguiendo el típico razonamiento de que «hay cosas que aún no he entendido, pero las entenderé en el próximo trabajo». A partir del artículo publicado por Planck en 1900 hubo un gran número de aportaciones contradictorias, algunas de ellas directamente erróneas; por otra parte, no podían acertar porque esos trabajos intentaban hacer algo imposible: dar cuenta de los fenómenos cuánticos en el marco de la mecánica clásica. Por ejemplo, para explicar la radiación del cuerpo negro, Planck supuso que la luz interactuaba con osciladores dotados de las propiedades cuánticas correctas, pero que resultaban absolutamente incompatibles con los principios generales de la física clásica; sin embargo, Planck no se percató de que la supuesta compatibilidad con la física clásica era inexistente, y siguió a lo suyo.

Es extraordinario comprobar hasta qué punto las explicaciones parciales postuladas eran acertadas: la intuición física era tan fuerte que, aun pretendiendo mantenerse en el marco de la mecánica clásica, se lograban explicar los fenómenos cuánticos, posponiendo así constantemente las contradicciones entre la mecánica clásica y los fenómenos observados. Al final, cuando dichas contradicciones resultaron excesivas, muchos aspectos de la nueva mecánica cuántica se habían perfilado ya. Por poner un ejemplo, la teoría que formuló Bohr en 1913, partiendo del supuesto de que el único electrón que gira alrededor del átomo de hidrógeno solo podía permanecer en ciertas órbitas que cumplían una determinada condición, permitía calibrar de una forma sencilla las líneas espectrales de la luz que emitía el hidrógeno; la hipótesis no era sostenible en la mecánica clásica, pero resultaría esencial de cara a proporcionar las bases de la mecánica cuántica cuando, una década después, se tomaría conciencia de la urgente necesidad de una nueva mecánica.

Las últimas barreras cayeron en 1924-1925; en los años siguientes se avanzó a un ritmo impresionante, y a finales de 1927 la nueva mecánica cuántica había alcanzado prácticamente su formulación definitiva. El trabajo preparatorio (que se prolongó durante veinticinco años, desde 1900 hasta 1925) fue posible precisamente porque existía una fuerte intuición acerca de cómo estaba organizado el sistema físico. Dicha intuición, muy diferente de la de los matemáticos, produjo trabajos que harían progresar la física pese a utilizar razonamientos a menudo erróneos.

Siguiendo con el tema de la intuición, un amigo mío, físico experimental especializado en bajas temperaturas, me decía: «Tienes que llegar a conocer tan a fondo tu aparato experimental, el sistema que estás midiendo, los fenómenos que estás observando, que puedas ser capaz de dar la respuesta acertada sin necesidad de pensar. Si te plantean (o te planteas) una pregunta, has de dar la respuesta precisa de inmediato, y después, reflexionando, has de ser capaz de decir por qué esa respuesta era acertada». Giovanni Gallavotti, en el prefacio de su excelente libro sobre mecánica, dice que un buen estudiante debe reflexionar sobre la demostración de un teorema hasta que el teorema le parezca evidente, y la demostración, en consecuencia, inútil.

La intuición depende en gran medida del ámbito en el que nos movamos; hay casos, por ejemplo, en los que la intuición se basa en el denominado formalismo matemático. El formalismo es una herramienta extremadamente potente, pero resulta serlo aún más cuando el propio inconsciente empieza a habituarse a utilizar procedimientos algorítmicos. Como ya hemos visto, cuando realizaba mis primeras investigaciones sobre los vidrios de espín recurrí al método de las réplicas, en este caso un formalismo seudomatemático (en el sentido de que la validez matemática de lo que hacía no se demostraría hasta varios años después) que me permitía llegar al resultado final aun sin entender lo que estaba haciendo, y luego tardé años en comprender el significado físico de mis resultados. Inconscientemente me había construido una serie de reglas que utilizaba para saber en qué dirección debía proceder en mis cálculos, pero que nunca sabría formalizar.

Avanzar de manera inconsciente no es solo un procedimiento habitual para abordar problemas científicos. Una gran escritora italiana del siglo XX, Luce D'Eramo, explicaba que, cuando escribía una novela, solía proceder del siguiente modo: releía todo lo que había escrito hasta ese momento y decidía cómo iba a empezar la escena siguiente. En ese momento imaginaba mentalmente los personajes, los ponía en acción en la escena y los observaba: «No decido lo que deben hacer, sino que los imagino y los observo mientras hablan, mientras actúan: transcribo lo que hacen». Las similitudes con el procedimiento descrito por Poincaré y Hadamard resultan evidentes.

Conocer la conclusión

Ahora me gustaría presentar un último argumento que sugiere que nuestra forma de razonar es más compleja de lo que creemos. Siempre me ha llamado la atención la dificultad de llegar a demostrar la veracidad o la falsedad de una proposición cuando no tenemos ninguna pista sobre el resultado final. Si hay argumentos heurísticos sólidos que implican que una proposición es verdadera (o falsa), a menudo (pero no siempre) resulta mucho más fácil hallar la demostración. En el caso contrario, en el que no hay indicio alguno acerca del resultado, cabría esperar que se pudiera deducir este empleando como máximo el doble de tiempo: razonando la mitad del tiempo como si supiéramos que el resultado es verdadero, y la otra mitad como si supiéramos que es falso. Esto resulta más fácil de decir que de hacer: en la práctica intentamos encontrar argumentos para demostrar la veracidad de la proposición; si no podemos, tratamos de demostrar su falsedad, y vacilamos entre las dos opciones sin llegar muy lejos. Quizá podamos pasar conscientemente de una hipótesis a la contraria, pero el inconsciente sigue confuso.

Cabe resaltar aquí el importante papel que puede desempeñar una pequeña información adicional relatando un episodio que yo mismo presencié y que me dejó sin palabras. En el ámbito de ciertos modelos extremadamente simplificados se había verificado una propiedad muy interesante (para abreviar, la llamaré X), y era crucial para el desarrollo de la teoría saber si dicha propiedad podía demostrarse en el marco de sistemas realistas. Mis amigos y yo llevábamos años hablando de ello: nadie tenía ni idea de cómo abordar la demostración, e incluso dudábamos de que la propiedad fuera demostrable, suponiendo que fuera cierta.

Un día, mi amigo Silvio Franz me dijo que, junto con Luca Peliti, habían demostrado la propiedad X recurriendo a una idea muy simple pero extremadamente inteligente. Yo estaba encantado; fui a París, y declaré en una conferencia que tenía una gran confianza en que la propiedad X era demostrable. No anuncié el resultado porque quería esperar a que mi amigo publicara la demostración. Después de la conferencia, mientras estaba en las escaleras de la École Normale con otro amigo, Marc Mézard, este me dijo: «Perdona, Giorgio, ¿por qué has dicho que confiabas en que la propiedad X era demostrable? Sabes muy bien que no tenemos forma de demostrarla». Yo le contesté: «Marc, acaban de demostrarla Silvio Franz y Luca Peliti: me han explicado la demostración, y es correcta». Para mi sorpresa, Mézard exclamó al instante: «¡Ah, sí, ya lo veo!», y en el acto me expuso a grandes rasgos la demostración correcta. Partiendo del bagaje del conocimiento común, la simple mención de que la propiedad X era demostrable le bastó para deducir la tan largamente ansiada demostración en menos de diez segundos.

Resulta extraordinario ver cómo a veces es suficiente una información mínima para hacer progresos sustanciales en un ámbito al que se ha dedicado una profunda reflexión. Por ejemplo, Einstein cuenta que en 1907 estaba reflexionando sobre la gravedad, y un día tuvo «la intuición más feliz de su vida»: cuando nos precipitamos en caída libre ya no sentimos la fuerza de la gravedad, esta se anula a nuestro alrededor; la fuerza de la gravedad depende del sistema de referencia, y eligiendo el sistema de referencia apropiado es posible anularla, al menos a escala local. A partir de esa observación Einstein construyó la teoría de la relatividad general, que probablemente constituye su aportación más profunda y más adelantada a su tiempo.

Se dice que Einstein tuvo esa intuición a raíz de un curioso incidente (no estoy seguro de que sea cierto; pero, como se dice en italiano, *se non è vero, è ben trovato*). Un pintor de brocha gorda que estaba pintando el edificio donde vivía Einstein trabajaba en el tercer piso sentado en una silla, colocada a su vez en un andamio; un día se inclinó demasiado, perdió el equilibrio y se precipitó al vacío sentado en su silla, afortunadamente sin más consecuencias que algunos huesos rotos. Al cabo de unos días, hablando con un vecino, Einstein se preguntó: «Quién sabe en qué pensaría el pobre pintor mientras caía»; a lo que el vecino respondió: «Estuve hablando con él y me dijo que mientras caía no sentía que se apoyara en la silla, casi como si la fuerza de la gravedad ya no existiera». Einstein cogió al vuelo la observación del pintor y la utilizó como punto de partida para formular la relatividad general. Resulta significativo que el origen de las teorías de la gravitación esté siempre asociado a algo que cae: en el caso de Newton, una manzana; en el de Einstein, un pintor.

EL SENTIDO DE LA CIENCIA

> Insistir en las repercusiones inmediatas de la investigación es un disparate. Es famosa la respuesta de Faraday al ministro británico que le preguntó para qué servían sus experimentos sobre el electromagnetismo: «De momento no lo sé —repuso—, pero es muy probable que en el futuro le pongáis algún impuesto».

«La ciencia es como el sexo: también tiene consecuencias prácticas, pero no es esa la razón por la que la practicamos», decía Richard Feynman, uno de los más grandes físicos del siglo XX y quizá también el más simpático.

Esta frase, junto con el imperativo de Dante «No habéis sido hechos para vivir como brutos, sino para seguir la virtud y el conocimiento», refleja muy bien las pasiones subjetivas de los científicos. La ciencia es un enorme rompecabezas, y cada pieza que se coloca en el lugar correcto abre la posibilidad de colocar otras nuevas. En este gigantesco mosaico cada científico va añadiendo teselas, consciente de haber hecho su aportación y de que, cuando su nombre se olvide, los que vengan detrás también se encaramarán sobre sus hombros para ver más lejos.

Podemos imaginar una vívida metáfora de la empresa científica. Unos marineros desembarcan de noche en una isla ignota y encienden una hoguera en la playa. Empiezan a ver lo que les circunda. Cuanta más leña echan al fuego, más se amplía la zona claramente visible; pero más allá sigue habiendo una región misteriosa que apenas se percibe en la oscuridad casi total, rota solo por la tenue luz del fuego lejano, y que se va agrandando a medida que aumenta el tamaño de la hoguera. Cuanto más exploramos el universo, más nuevas regiones que explorar descubrimos, y cada descubrimiento nos permite formular un sinfín de nuevas preguntas que antes éramos absolutamente incapaces de concebir.

Pero aparte de estas consideraciones, para los científicos es fundamental que intentar resolver los rompecabezas también resulte divertido. Mi maestro Nicola Cabibbo, cuando se debatía sobre qué hacer, solía decir: «¿Para qué vamos a estudiar este problema si no nos divertimos?». Con frecuencia, a los científicos casi les sorprende que se les pague precisamente por hacer lo que les apasiona. Un buen amigo mío, Aurelio Grillo, solía decir: «Ser físico es una paliza, pero siempre es mejor que trabajar».

Sin embargo, salvo en los raros casos en los que el científico ha pertenecido a una familia adinerada y la investigación se ha llevado a cabo durante largos periodos de ocio (pensemos, por ejemplo, en Plinio el Viejo o en

Fermat), el científico siempre ha tenido que afrontar el problema de ganarse el pan, y las aplicaciones de la ciencia han sido fundamentales para ello. Baste pensar en una de las que históricamente fueron las primeras ciencias: la astronomía. Ahora que vivimos en ciudades bien iluminadas, es difícil hacerse una idea concreta del enorme prestigio y poder que debían de tener en las civilizaciones primitivas quienes dominaban el flujo de las estaciones y el movimiento de los astros, y además sabían predecir los eclipses de Luna (por no hablar de ese fenómeno aterrador que son los eclipses de Sol).

Aunque las motivaciones de los mecenas pudieran ser solo culturales o de prestigio social, sin duda a los científicos no se les escapaba la importancia de las aplicaciones prácticas. Galileo, por ejemplo, propuso utilizar la ocultación de los satélites de Júpiter como método para determinar la hora absoluta sin necesidad de relojes de precisión y así establecer la longitud. En realidad, la propuesta de Galileo resultaba demasiado engorrosa para ponerla en práctica, y el problema se resolvería finalmente en el siguiente siglo con el cronómetro de precisión, que coronaba más de cien años de investigaciones.

En parte con el objetivo de coordinar la investigación científica, en los siglos XVII y XVIII se fundaron muchas de las academias que todavía hoy dominan la escena, como la Accademia dei Lincei en 1603, la Royal Society en 1660, la Académie des Sciences en 1666 o la American Philosophical Society en 1743. Esta última reviste especial interés, ya que fue fundada por Benjamin Franklin con el objetivo declarado de promover el «conocimiento útil».

Con el paso de los años, la utilidad de la ciencia para la sociedad se ha ido incrementando (en la medida en que el desarrollo económico se basa en el progreso científico), pero a la vez la ciencia se ha ido haciendo cada vez más costosa y requiere unas instalaciones y una organización cada vez más complejas. La Segunda Guerra Mundial marcó el nacimiento de los proyectos científicos a gran escala (la llamada «ciencia mayor»): Vannevar Bush coordinaba los esfuerzos bélicos de 6.000 científicos estadounidenses mientras 50.000 personas trabajaban en la construcción de las primeras bombas atómicas. Hoy, en Italia, el sector de la investigación y el desarrollo supone poco más del 1 % del producto interior bruto, mientras que en países como Corea del Sur supera el 4 % (este último país, pues, no solo eliminó a Italia del Mundial de 2002, sino que además gasta el triple en investigación y desarrollo).

La ciencia y sus instituciones necesitan la financiación de la sociedad, y a esta le importa un bledo si los científicos se divierten o no, una opinión expresada de forma rotunda por la delegación soviética que asistió al Congreso de Historia de la Ciencia y la Tecnología celebrado en Londres en 1931. Nikolái Bujarin (una figura política de primer nivel, muy popular en la URSS, que más tarde sería una de las víctimas más ilustres de las purgas estalinistas) escribió que «la idea de que la ciencia constituye un fin en sí misma resulta ingenua: confunde las pasiones subjetivas del científico profesional, que trabaja en un sistema de división del trabajo muy estricto... con el papel social objetivo de este tipo de actividad, en cuanto actividad de gran importancia práctica».

El desarrollo tecnológico resulta inconcebible sin un progreso paralelo de las ciencias puras. Como quedaba patente en un libro publicado en 1977 bajo el título de *L'ape e l'architetto* («La abeja y el arquitecto»), las ciencias puras no solo aportan a las ciencias aplicadas los conocimientos que estas necesitan para su desarrollo (lenguajes, metáforas, marcos conceptuales...), sino que desempeñan también otro papel menos evidente, pero no por ello menos importante. En efecto, las actividades de la ciencia básica actúan como un gigantesco circuito en el que se ponen a prueba productos tecnológicos y se estimula el consumo de bienes de alta tecnología avanzada.

Esta profunda integración entre ciencia y tecnología podría hacernos pensar que la ciencia tiene un futuro brillante en una sociedad cada vez más dependiente de la tecnología avanzada (los omnipresentes teléfonos móviles actuales alcanzan una capacidad de cálculo de cientos de miles de millones de operaciones aritméticas por segundo, más o menos la misma de los mastodónticos supercomputadores de hace veinticinco años).

Pero, en realidad, hoy parece ocurrir justo lo contrario: la sociedad actual exhibe marcadas tendencias anticientíficas, y el prestigio de la ciencia y la confianza en ella están disminuyendo con rapidez, al tiempo que las prácticas astrológicas, homeopáticas y anticientíficas (piénsese, por ejemplo, en el movimiento antivacunas o en el negacionismo asociado a la COVID-19), se extienden de la mano de un voraz consumismo tecnológico.

No es fácil entender del todo el origen de este fenómeno. Puede que la desconfianza masiva en la ciencia se deba en parte a la existencia de cierto grado de arrogancia por parte de los científicos, que la presentan como un saber absoluto contrapuesto a otros saberes discutibles, aunque en realidad no lo sea en absoluto. A veces la arrogancia consiste en no intentar hacer llegar a la opinión pública las evidencias de las que se dispone, y, en cambio, exigir a esta una aprobación incondicional basada en la mera confianza en los expertos. La negativa a aceptar las propias limitaciones es lo que más puede debilitar el prestigio de los científicos, que a menudo hacen alarde de un infundado exceso de confianza ante una opinión pública que de alguna manera percibe la parcialidad de sus puntos de vista y sus limitaciones. A veces, los malos divulgadores presentan los resultados de la ciencia casi como una especie de brujería de nivel superior cuyas motivaciones solo resultan comprensibles para los iniciados. Con ello, los profanos pueden verse empujados a adoptar posiciones irracionales frente a una ciencia percibida como magia inaccesible y, en consecuencia, optar por otras esperanzas no menos irracionales (un tema abordado con gran detalle por Marco D'Eramo en su libro *Lo sciamano in elicottero* («El chamán en helicóptero»), publicado en 1999): si la ciencia se convierte en una seudomagia, ¿por qué no elegir la magia auténtica?

Confiar ciegamente en la idea de que el desarrollo tecnológico precisa de forma inexorable del desarrollo científico puede ser un trágico error. Los romanos conservaron la tecnología de los griegos sin preocuparse demasiado por su ciencia, y los fanáticos cristianos, capitaneados por el santo obispo y padre de la Iglesia, Cirilo de Alejandría, no tuvieron el menor reparo en cargarse a la matemática y astrónoma Hipatia de Alejandría sin preocuparse por las consecuencias a largo plazo, y alegrándose incluso de la desaparición de un conocimiento profano que juzgaban inútil, cuando no perjudicial.

Ciñéndome ahora al caso concreto de Italia, diré que, aunque a escala planetaria la ciencia siga evolucionando e impulsando la tecnología, no hay garantía alguna de que eso ocurra también en dicho país. Ya desde la misteriosa muerte del político e industrial Enrico Mattei en 1962, la desindustrialización sistemática ha sido el hilo conductor de la historia italiana, junto con el creciente desinterés de la gran industria por la investigación tras el fin de algunas experiencias pioneras de colaboración como la que llevó a cabo la empresa Olivetti. Es muy posible que los gobernantes italianos decidan que la industria y la investigación deben desempeñar un papel cada vez más secundario, y que el país acabe deslizándose lentamente hacia el Tercer Mundo.

Si además tenemos en cuenta el deterioro gradual de la escuela pública y la desinversión financiera del gobierno italiano en el patrimonio cultural (baste decir que la restauración del Coliseo se hizo con fondos privados, y que los fondos destinados a subvencionar las artes escénicas han ido disminuyendo anualmente hasta reducirse a la mitad de la cantidad asignada hace veinte años), comprenderemos que la totalidad de las actividades culturales italianas están experimentando un lento pero constante declive.

Hay que defender la propia cultura —en mi caso la cultura italiana— en todos los frentes; no podemos perder la capacidad de transmitirla a las nuevas generaciones. Si un país pierde su cultura, ¿qué le queda? Todos los operadores culturales (desde los profesores de guardería hasta los de instituto, desde los programadores hasta los poetas) deben formar un frente común para abordar y resolver la actual emergencia cultural.

La ciencia debe defenderse no solo en virtud de sus aspectos prácticos, sino también por su valor cultural. Deberíamos tener el valor de seguir el ejemplo de Robert Wilson, quien en 1969, ante la insistencia de un senador estadounidense que le preguntaba qué aplicaciones prácticas tenía la construcción del acelerador de partículas del Fermilab, cerca de Chicago, y en especial si tenía utilidad militar para la defensa del país, respondió: «Su valor radica en el amor por la cultura: es como la pintura, la escultura, la poesía, como todas esas actividades de las que los estadounidenses se sienten patrióticamente orgullosos; no sirve para defender nuestro país, pero hace que merezca la pena defenderlo».

Para que la ciencia se consolide como cultura, hay que lograr que la ciudadanía sea consciente de qué es la ciencia, de cómo la ciencia y la cultura se interrelacionan entre sí, tanto en su desarrollo histórico como en la práctica actual. Hay que explicar qué hacen los científicos que viven hoy, cuáles son los retos actuales de la ciencia, de una forma absolutamente desprovista de cualquier apariencia mágica. No es fácil, sobre todo en el caso de las ciencias duras, donde las matemáticas desempeñan un papel esencial; sin embargo, con un poco de esfuerzo se pueden conseguir muy buenos resultados.

Suele decirse que las ciencias duras no resultan comprensibles para quienes no han estudiado matemáticas. Pero ocurre el mismo problema con la poesía china, que es una mezcla indivisible de literatura y pintura: el manuscrito original del poema es un cuadro donde los ideogramas individuales son elementos pictóricos que se representan de forma distinta cada vez. La dimensión pictórica se pierde completamente en la traducción, y quienes no conocen bien el chino no pueden apreciar su belleza. Pero al igual que es posible lograr que de todos modos la belleza de la poesía china pueda apreciarse en otros idiomas, también lo es que la belleza de las ciencias duras resulte comprensible para quienes no saben matemáticas y no han estudiado ciencias.

No es fácil, pero puede hacerse. Hay que promover iniciativas que permitan a un gran número de personas acercarse a la ciencia moderna. Si no lo hacemos, ni siquiera los científicos podrán eludir su responsabilidad.

JE NE REGRETTE RIEN

> En un almuerzo celebrado en el CERN, Tini Veltman me aconsejó: «No hagas demasiadas cosas; concéntrate en unas pocas, pero importantes».

Nunca he sabido muy bien si el hecho de que a los veinticinco años se te escape un Premio Nobel delante de tus narices es algo que se puede contar con orgullo o más bien uno de esos secretos un tanto vergonzosos que sería mejor olvidar. Me inclino por la segunda hipótesis, pero, como la historia es jugosa, voy a relatarla de todos modos. Ahora bien, requiere hacer un esfuerzo para entender el contexto, ya que de lo contrario puede parecer algo insulsa.

Situémonos a finales de la década de 1960. El panorama experimental estaba claro: el protón, el neutrón y otras partículas conocidas en ese momento interactúan fuertemente entre sí. En otras palabras, si las hacemos colisionar su trayectoria cambia, y a energías muy altas la colisión produce muchas otras partículas. Sorprendentemente, son rarísimas las colisiones en las que dos protones rebotan elásticamente el uno contra el otro, como dos bolas de billar, cuando la energía del choque es muy elevada.

La escasez de este tipo de colisiones se explicaba con una teoría que postulaba que el protón y el neutrón son partículas compuestas: durante la colisión se hacen literalmente pedazos, y, en consecuencia, no pueden rebotar manteniendo su integridad. Pero quedaba por saber cómo se comportaban los constituyentes fundamentales, es decir, las partículas de las que estaban formados los protones y los neutrones. Había dos posibilidades:

- Las colisiones en las que estas partículas rebotaban entre sí eran frecuentes incluso a altas energías. Por lo tanto, seguía existiendo una fuerte interacción entre ellas en todos los niveles de energía. En este caso el comportamiento de la materia seguía siendo difícil de entender, y no cabían simplificaciones a altas energías.
- Las colisiones en las que las partículas fundamentales rebotaban entre sí eran poco frecuentes; es decir, a altas energías sus interacciones eran débiles y las partículas casi se hacían mutuamente «invisibles». El comportamiento de los constituyentes de los protones y neutrones a altas energías era entonces fácil de calcular: en la práctica sus trayectorias no se modificaban, como si no hubiera interacción. Este tipo de teoría es lo que hoy se conoce como «asintóticamente libre» (en la jerga de los físicos, una teoría es «li-

bre» cuando las partículas no se desvían de sus trayectorias, mientras que «asintóticamente» significa «a altas energías»).

Una teoría asintóticamente libre tenía la ventaja de que, a altas energías, determinadas cantidades podían calcularse de forma bastante sencilla; había, pues, un enorme número de fenómenos potencialmente predecibles, para deleite de los físicos teóricos. Sin embargo, dado que es bastante improbable que el universo se diseñara para facilitar la vida a los físicos teóricos, este razonamiento no implicaba que el universo pudiera describirse necesariamente mediante una teoría asintóticamente libre.

Yo había empezado a trabajar partiendo de la primera hipótesis: me gustaba más porque era la situación más difícil de entender y obtener resultados representaba un reto mayor. También ocurría un poco como en la fábula de Esopo en la que se dejaban las uvas porque estaban «demasiado verdes». En efecto, nadie había logrado idear una teoría en la que los posibles constituyentes interactuaran cada vez menos conforme aumentaba la energía, y creo que los pocos físicos que habían reflexionado sobre este problema creían que probablemente tal teoría era inconcebible. En 1955, el genial físico ruso Lev Landáu había observado que en todas las teorías conocidas la fuerza de la interacción aumentaba al incrementarse la energía, excepto quizá en el caso de ciertas interacciones similares a las electromagnéticas pero en las que el propio campo estaba cargado (los llamados campos de Yang-Mills); pero aquí los cálculos resultaban difíciles y, por lo tanto, aún no era posible verificar si era cierto o no. Desde una perspectiva técnica, Landáu había descubierto la existencia de una función (llamada comúnmente beta) que controlaba el comportamiento a altas energías: si la función beta era positiva, la interacción seguía siendo fuerte; si la función beta era negativa, la teoría era asintóticamente libre.

En 1968, Richard Feynman postuló que las partículas conocidas estaban integradas por constituyentes puntiformes con interacciones irrelevantes a altas energías, a los que denominó partones por ser las partes constitutivas de la materia; pese al éxito de su propuesta, languidecían los intentos de construir una teoría asintóticamente libre.

La situación no cambiaría hasta 1972, cuando Sidney Coleman publicó un trabajo en el que demostraba que las conclusiones de Landáu eran perfectamente válidas aun considerando modelos más complejos que los que había empleado el físico ruso. Quedaban por estudiar los campos de Yang-Mills para conocer el signo de la función beta: un signo negativo constituiría una inesperada sorpresa con profundas consecuencias físicas. Por una ironía del azar, solo muchos años después descubrimos que el cálculo ya había sido realizado en 1969 por otro físico ruso (Iósif Benzionovich Khriplovich) y publicado en una revista rusa traducida al inglés que teníamos en la biblioteca. El pobre físico se había adelantado a su tiempo. Pese a la extremada elegancia y claridad del cálculo, nadie prestó atención al resultado; yo lo descubrí por casualidad buscando otro trabajo en la misma revista.

En aquella época yo tenía clara la importancia de calcular el signo de la función beta en los campos de Yang-Mills, pero estaba absorto en otro problema (las transiciones de fase) y no le dedicaba mucho tiempo al asunto. Recuerdo que, tras leer el trabajo de Coleman en la primavera de 1972, empecé a reflexionar acerca de cuál podría ser el signo de la función beta en los mencionados campos. Cierto día, mientras me sumergía en la piscina de casa de mis padres, me concentré en el problema observando las paredes cubiertas de mármol anaranjado. Enseguida deduje que la función beta tenía que estar compuesta por la suma de tres partes distintas: dos tenían signos opuestos y se anulaban entre sí, mientras que la tercera era inequívocamente positiva, por lo que el conjunto había de ser positivo. Sin embargo, si hubiera dedicado un poco más de tiempo y hubiera planteado el cálculo utilizando las reglas de los campos de Yang-Mills —que conocía teóricamente aunque no las había utilizado nunca—, de inmediato me habría dado cuenta de que debería haber añadido una cuarta parte, negativa, que decantaba el resultado, de modo que este resultaba ser finalmente negativo. Pero me gustaba el resultado positivo, no comprobé el cálculo y di por buena una convicción errónea. En cualquier caso, no era este el episodio que quería relatar: se trata tan solo de un típico error debido a las prisas, no especialmente significativo, pero útil para contextualizar los antecedentes.

A partir de entonces la situación empezó a cambiar con rapidez. En la conferencia celebrada en Marsella en el verano de 1972, el físico Gerardus (Gerard) 't Hooft, de la Universidad de Utrecht (que por entonces tenía veintiséis años), anunció que había calculado el signo de la función beta en los campos de Yang-Mills... ¡y el resultado era negativo! El gran anuncio fue recibido con la más absoluta indiferencia. Había poquísimos asistentes, y los que había apenas le prestaron atención; un amigo mío experto en la materia, al que le preguntaron al respecto un año después, se acordaba de que, en efecto, 't Hooft había dicho algo, pero no pudo recordar qué.

El único que supo captar plenamente la importancia del resultado de 't Hooft fue Kurt Symanzik, un genial físico alemán de cincuenta años, que animó al científico neerlandés a escribir un artículo sobre el tema. Trabajando en colaboración con su director de tesis, Martinus (Tini) Veltman, 't Hooft acababa de resolver un problema fundamental en la teoría de las interacciones débiles (por lo que ambos serían galardonados con el Premio Nobel en 1999) y había empezado a plantear algunos cálculos extremadamente difíciles sobre la gravedad cuántica, de modo que el cálculo de la función beta era poco más que un mero ejercicio para él y no tenía tiempo para consignarlo por escrito.

Yo era muy amigo de Symanzik. En noviembre de aquel mismo año fui a verlo durante un par de semanas a Hamburgo. Allí me llevó al restaurante situado en lo alto de la torre de televisión, donde podías comer todos los pasteles que quisieras (tenían de seis clases distintas, y yo cogí un trozo de cada una); vimos una hermosa versión de *La flauta mágica*; me invitó a cenar a su casa, donde comimos galletas con caballa en aceite acompañadas de leche pasteurizada reforzada con leche condensada, y hablamos de física durante decenas de horas, desmenuzando todos los temas posibles de interés común. Pero sorprendentemente no me habló del resultado de 't Hooft. Como me explicaría Veltman un año después, Symanzik le había dicho «*Parisi is so wild*», tan impetuoso, que es mejor no decirle nada. Symanzik temía que yo escribiera un artículo sobre el tema utilizando el resultado de 't Hooft, aunque, obviamente, reconociendo su aportación. Ese habría sido un comportamiento correcto por mi parte, pero Symanzik prefería que fuera el propio 't Hooft quien comunicara su resultado al mundo, y no una tercera persona que actuara como intermediario.

Solo en febrero de 1973 llegué a saber del resultado de 't Hooft a través de Symanzik. Por entonces yo acababa de hacer un gran avance en el ámbito de las transiciones de fase, y no centré mi atención en aquel resultado. Pero acababa de trasladarme al CERN de Ginebra para una estancia de dos meses, y, dado que 't Hooft también estaba trabajando en el mismo centro de investigación, decidimos reunirnos una mañana para ver de qué modo podíamos utilizar su resultado para elaborar una teoría del protón y de las demás partículas que fuera asintóticamente libre.

De hecho, había que identificar los posibles constituyentes esenciales en los que se fundamentaba la teoría y comprobar que en ese caso concreto el cálculo de 't Hooft daba una función beta negativa. Aparentemente era una tarea fácil: en 1964 se había postulado la existencia de los quarks, y en 1971 Gell-Mann, Bardeen y

Fritzsch habían formulado una teoría según la cual cada quark existía en tres colores distintos que interactuaban intercambiando gluones coloreados entre sí: básicamente la teoría de Yang-Mills que había estudiado 't Hooft en relación con los gluones, con el añadido de los quarks. Yo conocía perfectamente la teoría de Gell-Mann, porque este había venido a Roma y la había expuesto en una conferencia pública, donde había demostrado que la teoría explicaba los datos obtenidos en el acelerador ADONE, situado en Frascati, el laboratorio donde yo trabajaba. El argumento de Gell-Mann se basaba en la hipótesis de que los quarks no interactuaban a altas energías, por lo que la teoría era asintóticamente libre. Yo me había centrado en la hipótesis opuesta, la de que los quarks seguían interactuando incluso a altas energías y, con gran presunción por mi parte, consideré que el resultado de Gell-Mann pecaba de ingenuo porque no tenía en cuenta todas las complejidades inherentes a una teoría en la que los quarks interactuaban entre sí. De modo que lo olvidé.

Vista retrospectivamente, mi conversación con 't Hooft resulta un tanto surrealista.

—Hola, Gerard. ¡Has obtenido un magnífico resultado! ¿Te parece que miremos a ver si podemos utilizarlo para elaborar una teoría que describa el protón y las demás partículas?

—¡Excelente idea, Giorgio! Pero ¿cómo lo hacemos? Los campos de Yang-Mill han de tener algún tipo de carga. ¿Qué carga elegimos?

—Podríamos tomar la carga eléctrica y otras cargas del mismo tipo.

—No, Giorgio. Eso comportaría dificultades insuperables con los datos experimentales.

—Intentemos ver si podemos encontrar un resquicio para que mi propuesta funcione.

—No, no es posible.

Me explica el razonamiento con detalle, y yo soy incapaz de encontrar ninguna grieta.

—¡Tienes toda la razón, Gerard! No se puede aplicar tu teoría para describir el protón y las demás partículas. ¡Lástima! ¡Nos vemos por aquí!

No pensamos en absoluto en considerar la carga de color como había propuesto Gell-Mann. Habría bastado que en aquel momento yo hubiera visto el nombre de Gell-Mann escrito en algún sitio (en la pizarra, pongamos por caso), o que en los días siguientes alguien, ni que fuera en la mesa, hubiera mencionado el modelo de Gell-Mann, y habría ido corriendo a ver a 't Hooft gritando «¡Eureka!». En un par de días habríamos hecho las comprobaciones necesarias y enviado el trabajo a una revista. Fue una ceguera increíble, de la que soy plenamente responsable. Gerard era un físico teórico de gran calado, capaz de analizar aspectos extremadamente refinados de la teoría; yo, en cambio, conocía al dedillo el trabajo experimental, los distintos modelos propuestos en la bibliografía científica, y por eso era yo quien debería haber identificado el modelo correcto. Aquella tarde de 1973 perdimos una gran oportunidad para conseguir el Nobel. Por suerte para ambos, no sería la única.

Unos meses más tarde, Hugh David Politzer, por una parte, y David Gross y Frank Wilczek, por otra, rehicieron de manera simultánea el cálculo de 't Hooft e identificaron correctamente las cargas de los campos de Yang-Mills. Su trabajo marcó el nacimiento de la cromodinámica cuántica, y el artículo que publicaron les valió a los tres autores el Premio Nobel en 2004. Por mi parte, yo me quedé con una bonita historia que contar.

Muchos años después, en un congreso, me encontré con un amigo que había seguido la historia de cerca. Mientras estábamos charlando en un pasillo, empezamos a hablar de Ken Wilson, que ganó el Premio Nobel de Física en 1982 por su teoría de las transiciones de fase. En concreto, recordamos el argumento de Wilson de que una teoría que no fuera asintóticamente libre resultaría más elegante, pero, dado que el universo no había sido creado por un sastre, la elegancia de una teoría no era un criterio concluyente. Yo aduje que en aquel momento estaba absolutamente de acuerdo con Wilson, y que en parte por esa razón no me había esforzado mucho en encontrar una teoría satisfactoria que fuera asintóticamente libre. Entonces me pareció apropiado contarle mi conversación con 't Hooft. Enseguida dio en el clavo:

—Pero, Giorgio, ¿no se te ocurrió utilizar el color como proponía Gell-Mann?

—Pues no.

—¡No puede ser!

—La verdad es que ni se me pasó por la cabeza.

—¡Quizá deberías haber dedicado un poco más de media horita a pensar en ello!

NOTA DEL AUTOR

Llevaba años trabajando en este libro, que nació a partir de una serie de entrevistas que me hizo Anna Parisi. Las entrevistas se convirtieron en esbozos de capítulos, y aquí he optado por recoger y desarrollar solo los temas relacionados con las motivaciones del Premio Nobel que recibí en octubre de 2021. Anna no es pariente mía, pero con gusto me involucré con ella en varios proyectos de comunicación científica, y además me ha ayudado a escribir algunas secciones del libro.

Tres de los capítulos retoman textos ya publicados, con algunas modificaciones. «Intercambios de metáforas entre la física y la biología» y «Cómo nacen las ideas» fueron originariamente ponencias presentadas en sendos congresos de la Accademia Nazionale dei Lincei celebrados en Roma bajo los títulos de «Historia natural de la creatividad» (3-4 de junio de 2009) y «Metáforas y símbolos en la ciencia» (8-9 de mayo de 2013), cuyas actas se recogen asimismo en sendos volúmenes publicados respectivamente en 2014 y 2010 por la editorial Scienze e Lettere. «El sentido de la ciencia», por su parte, tiene su origen en un artículo titulado «A quién sirve la ciencia» y publicado en la revista *Le Scienze* con motivo de su cincuentenario (septiembre de 2018).

Las frases que dan comienzo a cada capítulo proceden de diversas entrevistas que he ido concediendo a lo largo de los años a Gabriele Beccaria, Francesco Vaccarino, Luisa Bonolis y Nuccio Ordine, a quienes doy las gracias.

A continuación figuran las referencias bibliográficas de los artículos y fuentes citados en los distintos capítulos.

En un vuelo de estorninos

El artículo en el que expusimos los primeros resultados de nuestra investigación es: M. Ballerini, N. Cabibbo, R. Candelier *et al.*, «Interaction ruling animal collective behaviour depends on topological rather than metric distance: Evidence from a field study», *PNAS. Proceedings of the National Academy of Sciences*, vol. 105, n.º 4, 2008, pp. 1232-1237.

La frase citada de Max Planck aparece en una carta de A. Sommerfeld a Niels Bohr del 4 de octubre de 1913, mencionada en N. Bohr, *Collected Works,* vol. II, editado por U. Hoyer, Elsevier Science, 1981.

La física en Roma hace medio siglo

Los artículos en los que Gell-Mann y Zweig postularon de forma independiente el modelo de los quarks en enero de 1964 son: M. Gell-Mann, «A schematic model of baryons and mesons», *Physics Letters*, vol. 8, n.º 3, 1964, pp. 214-215, y G. Zweig, «An SU(3) model for strong interaction symmetry and its breaking», CERN Report n.º 8182/TH.401. El concepto de color se introdujo en O. W. Greenberg, «Spin and unitary-spin independence in a paraquark model of baryons and mesons», *Physical Review Letters*, vol. 13, n.º 20, 1964, pp. 598-602.

La metáfora del faisán y la ternera aparece en M. Gell-Mann, «The symmetry group of vector and axial vector currents», *Physics*, vol. 1, n.º 1, 1964, pp. 63-75.

Transiciones de fase, es decir, fenómenos colectivos

Con respecto al grupo de renormalización, los artículos de Kenneth Wilson a los que me remito son: K. G. Wilson, «Renormalization group and critical phenomena. I. Renormalization group and the Kadanoff scaling picture», *Physical Review B*, vol. 4, n.º 9, 1971, pp. 3174-3183; «II. Phase-space cell analysis of critical behavior», *Physical Review B*, vol. 4, n.º 9, 1971, pp. 3184-3205; «Renormalization group and strong interactions», *Physical Review D*, vol. 3, n.º 8, 1971, pp. 1818-1846; «Feynman-graph expansion for critical exponents», *Physical Review Letters*, vol. 28, n.º 9, 1972, pp. 548-551, y K. G. Wilson y M. E.

Fisher, «Critical exponents in 3.99 dimensions», *Physical Review Letters*, vol. 28, n.º 4, 1972, pp. 240-243.

Vidrios de espín: la introducción del desorden

Los primeros modelos de vidrios de espín son los propuestos en S. F. Edwards y P. W. Anderson, «Theory of spin glasses», *Journal of Physics F: Metal Physics*, vol. 5, n.º 5, 1975, pp. 965-974, y D. Sherrington y S. Kirkpatrick, «Solvable model of a spin-glass», *Physical Review Letters*, vol. 35, n.º 26, 1975, pp. 1792-1996.

Esta es, en cambio, la secuencia de mis propias contribuciones: G. Parisi, «Toward a mean field theory for spin glasses», *Physics Letters A*, vol. 73, n.º 3, 1979, pp. 203-205; «Infinite number of order parameters for spin-glasses», *Physical Review Letters*, vol. 43, n.º 23, 1979, pp. 1754-1756, y M. Mézard, G. Parisi, N. Sourlas, G. Toulouse y M. Virasoro, «Nature of the spin-glass phase», *Physical Review Letters*, vol. 52, n.º 13, 1984, pp. 1156-1159. El libro al que hago referencia es: M. Mézard, G. Parisi y M. Virasoro, *Spin Glass Theory and Beyond: An Introduction to the Replica Method and Its Applications*, Singapur, World Scientific Publishing Company, 1987.

Con respecto a otras aplicaciones, véase: G. Parisi y F. Zamponi, «Mean-field theory of hard sphere glasses and jamming», *Reviews of Modern Physics*, vol. 82, n.º 1, 2010, pp. 789-845.

Intercambios de metáforas entre la física y la biología

El artículo de A. D. Sokal, «Transgressing the Boundaries: Toward a Transformative Hermeneutics of Quantum Gravity», *Social Text*, n.º 46-47, 1996, pp. 217-252, puede leerse en <www.jstor.org/stable/466856>.

No sería el científico que soy sin la contribución de mis maestros, de mis alumnos y de los colegas con quienes he estudiado y trabajado (ni que decir tiene que la propia investigación es también un fenómeno colectivo, un sistema complejo). He mencionado a algunos de ellos en el libro; a ellos, y a los cientos que debería mencionar aquí a riesgo de olvidar a alguien, no puedo menos que expresarles toda mi gratitud.

SOBRE EL AUTOR

Giorgio Parisi se graduó de la Universidad La Sapienza en 1970 e inmediatamente después comenzó a trabajar como investigador en el Laboratori Nazionali en Frascati hasta que, diez años después, se convirtió en profesor titular de Física Teórica en la Universidad Tor Vergata y, luego, de Teorías Cuánticas en La Sapienza.

Es miembro de la National Academy of the Lincei, la academia cicntífica más antigua del mundo (de la que durante años fue presidente y actualmente es vicepresidente); de la American National Academy of Sciences (junto con Carlo Rubbia y Michele Parrinello son los únicos tres miembros italianos); de la Academia de Ciencias de Francia, y de la American Philosophical Society.

En octubre de 2021, recibió el Premio Nobel de Física «por el descubrimiento de la interacción del desorden y las fluctuaciones en los sistemas físicos desde escalas atómicas hasta planetarias».